The Maniacs Series

幻の国産旅客機

SpaceJet

マニアックス

～その技術は世界に通用したのか!?～

青木 謙知 著

はじめに

　三菱重工業は2023年2月7日に、子会社の三菱航空機が推進してきた小型旅客機事業であるSpaceJetについて、その開発活動を中止すると発表した。SpaceJetは、三菱重工業が小型の地域航空用ファンジェット旅客機（ミツビシ・ジェット＝MJ）として立案したものを、2007年10月19日にビジネス化を決定したもので、当時の名称は地域航空向け旅客機を強調したミツビシ・リージョナルジェット（MRJ）であった。そして、90席級のMRJ90と、胴体を短くして70席級とするMRJ70の2タイプを開発することとし、このファミリー化はSpaceJetにも受け継がれた。

　約半世紀ぶりの国産旅客機であり、また国産初のファンジェット旅客機となるMRJには、当然のことながら高い関心が集まり、また成功への大きな期待が寄せられた。しかし15年あまりの時を経て、そのプロジェクトは終焉を迎えてしまったのである。

　SpaceJetの開発中止には多くの理由が存在するが、なかでも大きな要因となったのが、繰り返された開発日程の見直しと実用化時期の大幅な遅延にあることは確かだ。そしてその結果、この旅客機計画はどんどん信頼を失っていくことになってしまった。

　三菱重工業自体は、世界に冠たる大手重工業企業であり、多くの事業分野で成功を収めるとともに実績を築き上げている、日本を代表する企業であることは広く認められている。また航空機事業でも、防衛省向けの主力戦闘機の生産をはじめとして多くの事業を手がけていることは、特に日本国内ではよく知られているのも事実だ。

　しかし民間航空機の世界的な販売という点では、1960〜70年代に小型ビジネス機のMU-2をアメリカを主体に約700機販売したことはあったものの、旅客機市場ではまったく実績をもたない新参者であり、その企業が製品開発で遅れを繰り返したのでは、当然信用はされなくなる。そうした状況で販売活動などを続けていくのは困難というのは、当然の判断である。

　もう1つ、経済的な問題もSpaceJet事業の大きな壁として常につきまとったことも間違いない。三菱重工業はMRJ/SpaceJetの開発費については公表しないという姿勢を取り続けて情報公開の時代に逆行していたが、それでもさまざまな報じられ方をした。公式な発表がないためそれが正確かは定かではないが、1兆円規模の開発費をつぎこんでいたというのが一致した見方だ。一方

で、開発中止の決定によりキャンセルとなった発注はあるが、その前の時点での受注機数は377機であった（うち254機はオプション契約または購入権確保）。そして三菱重工業は、MRJ計画の開始当初から最後まで、機体価格を約50億円とし続けていたから、オプションなどを含めた受注総数でも売上額は1兆8,850億円にしかならず、かろうじて推定されている開発費をまかなえる額に到達する程度である。

　また三菱航空機は2010年代中期には、今後20年間の世界的な70〜90席旅客機の世界的な需要は5,200機程度と見込んでいて、そのうちの1/3程度のシェアを確保したいとしていたのだが、それには遠くおよばなかった。さらに近年の数字を挙げると、ボーイングによる2022〜41年の20年間旅客機市場予測では、この間の地域ジェット機の新規需要は2,210機にすぎないと、きわめて低く見積もっている。これには、コロナ禍の影響やアメリカの規制の問題も含まれてはいるが、ほかの規模のジェット旅客機に比べて市場発展の潜在性はかなり小さいといわざるを得ない。

　そしてSpaceJetの開発を継続してもそれがいつ完成するのか、また実用化にこぎつけられるのか自体がまったく見通せなくなったことから、今後も費用をつぎ込んでいくことに意味を見いだすことができず、中止するしかなくなったということだ。SpaceJetの開発中止は、今後日本が単独で旅客機を開発するという可能性に暗い影を落としたことは間違いない。しかもそれは、かなり大きくまた漆黒の闇になる恐れは十分にある。YS-11から半世紀のブランクを経てスタートし終わりを迎えたSpaceJetの次の国産旅客機まで、また半世紀を待たねばならないのだろうか。

　なお本書では官庁や企業などの名称については、当時のものでの記述を基本に、カッコ内に現在の名称を入れるようにしたが、煩雑に思える場合には当時のものだけとした。また年の表記は西暦を基本にして、年度など元号表記が一般的なものはカッコ内に西暦年を付与した。

　また、「三菱航空機株式会社」は2023年4月25日に社名を「MSJ資産管理株式会社」に変更し、同日をもって三菱航空機のホームページは閉鎖された。本書はすべて、旧社名で記述している。

2023年5月　青木謙知

Contents

作業の遅れと立ちはだかった壁　147

MRJ/SpaceJet のライバル機種　161

●注意
(1) 本書は著者が独自に調査した結果を出版したものです。
(2) 本書は内容について万全を期して制作いたしましたが、万一、ご不審な点や誤り、記載漏れなどお気付きの点がありましたら、出版元まで書面にてご連絡ください。
(3) 本書の内容に関して運用した結果の影響については、上記(2)項にかかわらず責任を負いかねます。あらかじめご了承ください。
(4) 本書の全部または一部について、出版元から文書による承諾を受けずに複製することは禁じられています。
(5) 商標
本書に記載されている会社名、商品名などは一般に各社の商標または登録商標です。

消えた国産旅客機

2020年3月18日に県営名古屋空港で初飛行したSpaceJetM90の初号機。MRJの通算10号機（FTV-10）である。2016年以降の各種設計変更が取り入れられていて、JA26MJの登録記号がつけられ、機体は最初からSpaceJetカラーに塗られていた。ほかの飛行試験機（FTA）とは異なり、アメリカの飛行試験拠点に送られることはなかった（写真：三菱航空機）

ワシントン州グラント・カウンティ
国際空港に作られた三菱航空機の
モーゼスレイク・フライトテスト・
センターのエプロンに並んだ、
MRJ90の飛行試験初号機から4号
機（FTA-1～4）。日本国内でこのよ
うに飛行試験機4機全機がそろいぶ
みするシーンは目にできなかった
（写真：三菱航空機）

モーゼスレイク・フライトテスト・セン
ターにおけるFTA-4（手前）とFTA-1
（奥）。当初は5機のFTAをすべて異なる
塗装にする計画だったが、手間やコスト
から変更されて、FTA-4はFTA-1と同
じ塗装で完成された（写真：三菱航空機）

初飛行を終えて県営名古屋空港に着陸するため降着
装置を下ろした飛行試験2号機 (FTA-2)。垂直尾翼の
塗装はFTA-1と同じだが、胴体は白地に赤のライン
というシンプルなものになっている
（写真：三菱航空機）

7回目の飛行を終えて県営名古屋空港にアプローチす
るFTA-1。約2.8mの胴体径に対してエンジンのファン
直径はそのほぼ半分の1.42mもある
（写真：三菱航空機）

モーゼスレイク・フライトテスト・センターの格納庫内の飛行試験3号機（FTA-3）。機体塗装は基本的にFTA-2と同じだが、胴体のラインは赤から黒に変更された（写真：三菱航空機）

県営名古屋空港の三菱重工業寄りの駐機場で、地上でのシステム機能試験を受けるFTA-2。左エンジンのカウリングが開いている（写真：三菱航空機）

飛行試験で石川県輪島市ののと里山空港をフライパスするFTA-1。県営名古屋空港とともに
飛行試験の離着陸拠点飛行場として使われた（写真：三菱航空機）

2017年のパリ航空ショー初出品に向けてモーゼスレイク・フライトテスト・センターを出発するFTA-3。最初の発注航空会社である全日本空輸に敬意を表して、同社のカラーリングをベースにしたものに塗り替えられた（写真：三菱航空機）

完成して工場から引きだされた飛行試験5号機（FTA-5）。こちらも全日本空輸風の塗装だが、設計変更の確認などに用いられたため飛行はまったく行わなかった（写真：三菱航空機）

2019年のパリ航空ショーで展示されたSpaceJetM90の垂直尾翼。JA23MJの登録記号からわかるように、MRJ90のFTA-3を塗り直したものである（写真：三菱航空機）

YS-11の終焉と
その後の旅客機計画

（写真：Wikimedia Commons）

Section I
YS-11の終焉と
その後の旅客機計画

戦後初の国産旅客機YS-11計画の誕生とその栄枯盛衰、そしてYS-11生産終了後の
日本の輸送機計画について記していく。記録資料として、YS-11の事故リストも併載した。

I -1　戦後初の国産旅客機YS-11

航空機産業復興までの道のり

　1945（昭和20）年8月14日に日本

が、日本の無条件降伏を定めたポツ
ダム宣言の受諾を決めると、翌15日
に昭和天皇が戦闘の停止を明言し、9

月2日に降伏文書への署名が行われ
て、第二次世界大戦（太平洋戦争）は
終結した。そして日本は、占領政策

1962年8月30日に小牧飛行場で初飛行した戦後初の国産旅客機YS-11（写真：日本航空機製造）

を遂行する連合軍最高司令官総司令部（GHQ：General Headquarters）の統治下に置かれることとなった。GHQの大きな仕事の1つが日本の軍事力の完全な解体とその復活の阻止であり、武装解除を進めるとともに兵器類はすべて破棄され、また飛行場を含めた軍用地はGHQの駐留部隊が管理することになった。

こうした政策の1つとしてGHQは日本に対し、あらゆる航空活動の停止を命じた。航空機を設計・製造することや、航空機を使う活動をいっさい停止するというもので、これにより戦時下で多くの航空機を生みだした航空機産業は空白期に入ることとなったのである。ただその期間は、長いものではなかった。

1950年6月に朝鮮戦争が勃発すると、日本を拠点に出撃する連合軍の航空機の整備や修理の必要性から、航空機に関する技術や知識があった戦時中の航空機製造企業がそれを請

け負うことになり、1952年ごろから航空活動の禁止は段階的に解除され始めていった。そして1954年7月に防衛庁が設置されて陸・海・空3自衛隊が編成されると、それらが使用する各種航空機のライセンス生産が開始されて、戦後の新しい時代の航空機技術を身につけることになったのである。

また戦時中の航空機製造企業では、航空機部門を復活させて事業の中核へと向かわせることとなった。三菱重工業は新三菱重工業となったのちに、ふたたび社名を三菱重工業に戻した。川崎航空機は川崎重工業となり、中島飛行機は解体後に富士重工業として再出発した（現SUBARU）。川西航空機は、航空機は主力製品にはしなかったが、自動車部門の新明和興業がのちに航空機製造企業の新明和工業となっている。

このように航空機産業の復興が始まると、本格的な航空機工業再建に

は民間需要に対応することが必要であるという認識が高まり、日本航空工業会が通商産業省（略称通産省。現経済産業省）の支援を受けて日本航空、日ペリ航空（現全日本空輸）、極東航空（現全日本空輸）などの各社と接触して具体的な計画を練るなど民間・防衛・輸出の3分野で需要が見込める輸送機を開発する構想が検討されるようになった。この作業は、条件つきではあったが昭和32（1957）年度予算に中型輸送機の設計研究費として予算計上が行われた。そしてその作業を行う組織として、財団法人 輸送機設計研究協会が設立されて、作業が進められた。

ここからは少し長くなるがYS-11の開発経緯を、一般社団法人 日本航空宇宙工業会が編纂した『日本の航空宇宙工業50年の歩み』にある「日本航空機製造の設立とYS-11の開発」から転載させていただく。

成田国際空港近隣の航空科学博物館で所蔵・展示されているYS-11の初号機。1982年に大阪（伊丹）国際空港から成田国際空港にフェリーされ、これが最終飛行となって1982年8月5日に抹消登録された。展示の開始は1989年8月1日（写真：Wikimedia Commons）

YS-11の開発経緯

　「通産省は昭和34年度予算要求に際して、試作費要求を強力に行うとともに、航空機工業振興法の改正案の内容審議を重ねた。これと並行して特殊会社設立の検討、準備を進めていった。この構想は官民共同出資の特殊会社案で、試作事業と量産事業を担当するというものであった。その背景としては、試作費は約30億円以上と予測されるなか、官民で事業の推進体制を確立していくことが必要であったからである。

　そして昭和33年12月の大臣折衝の結果、この特殊会社に対し3億円

の予算が政府出資として認められ、日本航空機製造株式会社（NAMC：Nihon Aircraft Manufacturing Corporation）が設立されて、開発実現への第一歩を踏みだした。同社には政府のほか航空機関連メーカー、商社、金融機関など約200社におよぶ民間企業が出資し、文字どおり官民一体となって大型プロジェクトに取り組む体制ができあがったのであった。

　この日本航空機製造の設立に必要となる航空機工業振興法の一部改正案も昭和34年4月に成立し、同年6月1日には設立登記を完了した。同社設立にともない、輸送機設計研究

協会で行われてきた中型輸送機の開発作業は、日本航空機製造に引き継がれた。

　昭和35（1960）年になると開発試作態勢も整備され、これらの作業にはピーク時103名におよんだ日本航空機製造の設計部員および機体メーカー6社の技術者多数が動員された。ことに図面は計画図（線図、構造図、整備図）968枚、製作図（構造図、製造図）約5,300枚とおびただしい数になった。

　試作機を製造する機体メーカー6社の作業分担シェアの内訳は、三菱重工業（当時は新三菱重工業）54.2％、川崎重工業（同川崎航空機）

海外オペレーターの1つである、アメリカのアラスカ州アンカレジを拠点としたリーブアリューシャン航空のYS-11A。リーブアリューシャン航空はYS-11を5機導入したが、この機体は2機目で日本国内航空向け（JA8713）の中古で、YS-11A-307として完成したのち、YS-11A-600に改造して引き渡された（写真：Wikimedia Commons）

25.3％、富士重工業10.3％、新明和工業4.74％、日本飛行機4.89％、昭和飛行機0.54％であった。また材料、部品、装備品や電子機器の担当メーカーも決まった。しかし、国内で開発・生産されていない部品、材料は非常に多く、輸入した部品、材料は約300品目におよんだ。ことにエンジン関係の部品は、全面的に輸入に依存せざるを得なかった。

昭和35年暮れには、振興法第11条の規定にもとづく国有研究施設の使用に関する政令と同施行規則が発効し、総理府、大蔵省、文部省、通産省、運輸省の12研究所については航空機などの国産化を図る場合は、時価の5割以内の減額した対価で使えるようになった。

昭和36（1961）年6月、担当各社はいっせいに、飛行試験用試作1号機の製作に着手した。最終組み立て全体艤装作業は順調に進捗し、試作1号機（登録記号JA8611）は昭和37（1962）年7月11日にロールアウト、同年8月30日に名古屋空港（現県営名古屋空港）で初飛行した。同年12

月28日には2号機（登録記号JA8612）が初飛行に成功した。飛行試験は1、2号機の両機によって本格的に進められたが、翌年になって3舵（方向舵、昇降舵、補助翼）に問題があることが判明し、昭和38（1963）年末から昭和39（1964年）7月にかけて、その改修が行われた。

この間、航空宇宙技術研究所などで実施された強度・疲労試験も終了し、昭和39（1964）年8月25日には松村運輸大臣から荘田泰蔵日本航空機製造社長に待望の型式証明が手渡され、昭和39年に締結した耐空性基準に関する日米相互協定にもとづきアメリカ連邦航空局（FAA：Federal Aviation Administration）の型式証明も昭和40（1965）年9月7日に交付。昭和39（1964）年に開催された東京オリンピックでは、2号機が沖縄から千歳まで聖火空輸を行い、YS-11は社会に華々しくデビューしたのであった」

こうしてYS-11は実用旅客機としての歩みをスタートさせた。ちなみに機種名の「YS」は、機体設計を

行った輸送機設計研究協会（Yusouki Sekkei-Kennkyuu-Kyokai）の最初の2語の頭文字で、「11」は主翼面積の設計第1案（約95m²。実機での数値は94.8m²）と搭載候補エンジンの第1案（ロールスロイス・ダート10）が採用されたことを組み合わせたものでこの経緯からすると、「ワイエスいちいち」と呼ぶのが正しいことになる。

YS-11の概要

YS-11は全金属製のターボプロップ双発機で、胴体は最大直径2.88m、長さ26.30m。これに低翼配置で直線の主翼が取りつけられていて、後退角は0度、テーパー比は.336とごくわずかに先細りにされた、アスペクト比10.08の細長いものになっている。飛行中の横安定性を確保するための上反角は、当初は4度19分だったが、飛行試験で安定性の基準に達しないことがわかり、6度19分に変更された。尾翼は後退角がなく上端を角張らせた垂直尾翼が後方胴体中央上部

表　YS-11のおもな製造分担企業と担当部位

企業名	分担部位	試作機分担比率	量産機分担比率
三菱重工業	前方胴体、中央胴体、総組み立て	54.20%	56.10%
川崎重工業	主翼、エンジン・ナセル	25.30%	29.20%
富士重工業	水平および垂直尾翼	10.30%	5.90%
新明和工業	後方胴体、背びれ、圧力隔壁、主翼端*	4.70%	5.00%
日本飛行機	フラップ、補助翼、主翼前縁*	4.90%	3.10%
昭和飛行機	床板、室内隔壁	0.50%	0.80%

＊試作機は川崎重工業
日本飛行機はほかに乗降階段（1%相当）も製造

に立ち、付け根部前方にフィレット（背びれ）が延びている。水尾尾翼は後方胴体左右に延びて、やはり後退角はなく、上反角もついていない。また水平尾翼取りつけ角は、0度で固定式である。一次操縦翼面は主翼外翼部後縁の補助翼、垂直尾翼後縁の方向舵、水平尾翼後縁の昇降舵で構成され、主翼後縁には簡素なファラー・フラップがある。フラップ面積は、左右それぞれ9.39m²で、上げ位置（0度）と下げ位置（35度）の2位置でセットされる。

エンジンはロールスロイスのダート542-10/-10K/-10J（離陸時出力2,069kW）で、カウリングに収めて主翼に取りつけられた。プロペラは、ダウティロートルのR209 4枚ブレードの定速プロペラで、直径は4.42mであった。エンジン・カウリングの下側は主脚を収納するようになっていて、前脚は機首下面に引き込まれて、3脚とも完全引き込み式である。

客室は全長が17.26mで室内幅は2.70m、室内高は1.99m。客席は通路を挟んで左右に2席ずつ取りつけるのが標準で、86cm間隔ならば60席、高密度の79/81cm間隔ならば64席を設けることができた。この64席が、旅客機としてのYS-11の最大客席数

となっている。

YS-11のおもな製造分担企業と担当部位

YS-11の事業全体は日本航空機製造がとりまとめたが、実際の機体製造にあたっては航空機産業各社に分担部位が割り当てられて、オールジャパン体制がとられた。その各社の製造部位などは、上の表のとおりである。また材料や装備品では、次の各社が供給を受けもった。

＜材料＞
●アルミニウム板材：古河電工、住友軽金属、神戸製鋼
●アルミニウム押し出し型材：藤倉電線、大日電線
●折曲形材：新明和工業
●鋼索：東京製綱

＜部品・装備品＞
●燃料系統：北辰電機、三菱電機
●水メタノール系統：北辰電機、横浜ゴム
●油圧系統：三菱重工業、帝人製機、萱場工業
●降着装置：住友精密
●計器：東京航空計器、北辰電機

●空気調和系統：島津製作所、櫻護謨
●電子系統：東芝電機、三菱電機、日本電機、三菱重工業、東京航空計器
●電気系統：北辰電機、小糸製作所、三菱電機、神鋼電気日本レクチファイアー、東芝電機
●水メタノール・バグタンク：横浜ゴム
●フラップ・ドライブ：島津製作所、日本飛行機
●スプレー・マット：三菱重工業
●胴体構造：島津製作所
●室内（操縦士席）：小糸製作所
●室内装備：小糸製作所、東洋陶器
●燃料系統：北辰電機、横浜ゴム、三菱電機
●補助席：昭和飛行機

民間向けと自衛隊向けのYS-11

YS-11は、基本は民間旅客機で、製造の過程において総重量やペイロード重量の増加が行われて、それらが派生型として作られている。最初のタイプは標準型のYS-11-100で、最大離陸重量が23.5tであった。それを24.5tに引き上げたのがYS-11Aで、旅客型

海上自衛隊が人員・貨物輸送機として使用したYS-11M-A。シリアル・ナンバー9044はYS-11の218号機で、製造最終機である。引き渡しは181号機（YS-11T-A）の1974年2月1日よりも前の1973年5月11日に行われた（写真：青木謙知）

の YS-11A-200、旅客・貨物型の YS-11A-300、貨物型で最大離陸重量を 24.5t にした YS-11A-400 がある。最大離陸重量を 25.0t にしたのが YS-11A-500 で、同じ重量で旅客／貨物型にした YS-11A-600 と純貨物型の YS-11A-700 も作られていて、YS-11A-700 ではペイロード重量は 7.7t にもなっており、これは最初の YS-11-100 の 5.6t よりも 2t 以上の増加である。

YS-11 では民間向け以外にも航空自衛隊向け（輸送型、飛行点検型、航法訓練型、電子作戦型）や海上自衛隊向け（輸送型および機上作業訓練型）、海上保安庁向け、運輸省向けも作られた。これらはそれぞれ、その用途や任務に応じた特別な装備品を備えていて、外形的な相違点を有しているものもあるが、基本機体フレームには前記したもののいずれかが使われていて、完全に別の機体フレームを用いたものはない。

YS-11 の量産初号機は通算 3 号機（登録記号 JA8610）で、1964 年 10 月 23 日に初飛行した。また最初の定期路線就航は 1965 年 4 月 1 日に行われて、日本国内航空の東京〜徳島〜高知線を一往復した。使用機は、「聖火号」と名づけられていた試作 2 号機で、日本国内航空の旅客機使用に改修したのち、同社に貸しだされたものであった。

YS-11 の生産計画については、まず 150 機の量産でスタートし、その後一度 120 機に減らされたあと、150 機、180 機、190 機と推移し、最終的に 180 機で終了している（いずれも試作機 2 機を除く）。

YS-11の問題点

実用化にこぎつけた戦後初の国産旅客機である YS-11 だが、すべてがうまくいっていたというものでもなかった。たとえば一部の設計が国際的水準ではなく、日本国内向けになっていたという問題があった。なかでも有名なのは客室関連の設計で、欧米人よりも小柄な日本人の体格を基準にしたため、窮屈な仕上がりになってしまったのである。このことは日本航空機製造も認識していて、外国への販売活動で試乗会を行う際などには、扉の開口部が低いので搭乗には頭をぶつけないよう繰り返し注意喚起をしたのだが、それでもぶつけてしまう人が続出したという。また客室窓の位置も低く、こちらは日本人でも成人男性の多くが、機外の風景を見るには上半身をかがめた窮屈な姿勢にならざるを得なかった。こうした点は、ライバル機であったイギリスのホーカーシドレー（HS）748 やオランダのフォッカー F27 フレンドシップに大きく劣った。製造機数を比べても、F27 は 586 機、HS748 は 380 機と、YS-11 の 180 機は大きく水を開けられた。

YS-11 の製造機数は政治的に決められたものではあるが、180 機で打ち切りになったのにはそれなりの理由はある。YS-11 と日本航空機製造を取り巻く環境が、大きく変わったのである。

海上自衛隊が対潜哨戒機のミッション乗員向け機上作業訓練機として使用していたYS-11T-A。胴体下に大きなレドームをもつのが特徴であった。P-3Cオライオンの導入にともない、この任務にもP-3Cを用いることになったため、2011年5月までに全機が退役した（写真：Wikimedia Commons）

YS-11の製造打ち切り

1970年に日本で行われた、YS-11の使用航空会社によるオペレーターズ会議では、YS-11にはまだ需要があって、生産計画機数を200機に増やすことも期待された。ただその一方で、日本航空機製造の経営に問題があって、このままでは赤字になるという提言が、政府による1966年の航空工業答申のなかですでに指摘されていて、経営体制の見直しが必要とされていた。それでもYS-11の輸出が急増していたことから、外国機と同様の低金利による長期延べ払いでライバルに対抗した結果、赤字を増幅させていくこととなった。

このため1971年に航空工業審議会に、銀行代表で構成される日本航空機製造改善専門委員会が作られて、赤字の実態、原因の究明、今後の対策とYS-11事業の進め方が検討された。その結果は、1971年9月27日に通産大臣への答申に盛り込まれて、

次のようになっていた。「180機の量産とその後10年間のアフターサービスに必要となる額は約360億円と計算される」。これは、1972年に経営改善委員会が見直した額を大蔵省が査定して改定した額であるが、巨額の赤字が見込まれることがはっきりした。そしてその赤字を補填するには、日本航空機製造が政府出資による特殊法人であるから税金を投入するしかなく、黒字化のめどがまったく立たない事業に税金をつぎ込み続けることはできないとなって、YS-11は180機の量産でプロジェクトを終えることが決められたのである。

ここでは赤字の原因などの詳細には触れないが、仮にYS-11が注文を集め続けても、製造し販売を継続していけばそのぶんさらに赤字が増幅していくという事態に陥っていたのであった。そしてこのようなことから、YS-11の生産を180機で打ち切ったことが、次の国産旅客機開発までに半世紀の空白をもたらしたことの

大きな要因になったことは間違いない。

YS-11のその後

こうして、1981年8月17日には航空機・機械工業審議会の航空機工業部会政策分科会によって「日本航空機製造の業務の民間移管および今後の航空機開発体制の整備について」という答申が行われ、それにもとづいて日本航空機製造は1983年8月23日に精算を終了し、消滅したのである。

なお、それよりも前の1971年5月に、日本航空機製造社内にポスト・プロダクション委員会が設置された。YS-11の量産終了後の処置を円滑に処理するための機構で、オペレーターにとってもっとも重要な製品サポートについては三菱重工業への移管が決められ、今日に至るまでYS-11に関する製品支援は同社が提供している。

Column	**YS-11事故リスト**

1966年11月13日
YS-11-111（登録記号：JA8658、製造番号：2023）
全日本空輸

大阪国際（伊丹）空港発松山空港行きの国内線定期旅客便533便が、滑走路32Lへの着陸の際に通常よりもわずかに進入高度が高く滑走路端を高度460mで通過し、タッチダウン後170mを滑走したあとゴーアラウンドで上昇に転じ高度70〜100mに達したところで左旋回に入って海に墜落した。ゴーアラウンド中に高度を失ったことが原因で、乗っていた乗員5人と乗客45人の計50人の全員が死亡した。

1969年10月20日
YS-11A-213（登録記号：JA8708、製造番号：2085）
全日本空輸

鹿児島空港発宮崎空港行きの国内線定期便105便が、宮崎空港に着陸した際に滑走路を132mオーバーランして修理不能の大破となった。滑走路面に溜まった水がタイヤの下に入って制動力を落とす、ハイドロプレーニング現象が発生したのが原因であった。乗っていた乗員4人と乗客49人の計53人に、死者はなかった。

1969年11月12日
YS-11A-202（登録記号：PP-CTL、製造番号：2083）
クルゼイロ航空

ブラジルのマナウス／ポンタ・ペラダ空港発ベレム／ヴァウ・デ・カンス国際空港行きの国内線定期旅客便（便名不明）が、キューバへの亡命を求める犯人1人にハイジャックされた。そのほかの詳細は不明。

1969年12月11日
YS-11-125（登録記号：HL5208、製造番号：2043）
大韓航空

カンヌン空港発ソウル-キンポ国際空港行きの国内線定期旅客便（便名不明）がハイジャックされて、北朝鮮のピョンヤン空港に着陸した。着陸時に機体は修理不能の損傷を負ったが、乗員・乗客計51人に死者はなかった。ハイジャック犯の人数は不明だが、1人は副操縦士だった。

1969年12月14日
YS-11A-213（登録記号：JA8743、製造番号：2115）
全日本空輸

全日本空輸の大阪国際（伊丹）空港発松山空港行きの国内線定期旅客便547便が、高度3,150mで水平飛行に入ったところ大阪国際（伊丹）空港の離陸時にエンジン交換後の試験飛行のためほぼ同時に離陸した読売新聞社所有のビーチクラフトC50ツイン・ボナンザ（JA5022）と空中で接触した。YS-11は左主翼外翼部を約2m失い、ツイン・ボナンザも胴体下側は左右プロペラのブレード、方向舵に損傷を受けた。両機とも大阪国際（伊丹）空港に無事着陸し、YS-11に乗っていた乗員4人と乗客41人の計45人、ツイン・ボナンザに乗っていた全員に死者はなかった。両機の操縦士の不注意が原因とされた。

1970年7月4日
YS-11A-202（登録記号：PP-CTJ　製造番号：2081）
クルゼイロ航空

ブラジルのベレン・ヴァウ・デ・カンス国際空港発マカバ国際空港行きの国内線定期旅客便（便名不明）が、キューバへの亡命を求める男性犯人1人にハイジャックされた。その後ガイアナのカイエンヌとジョージタウン、トリニダードのポート・オブ・スペイン、

ジャマイカのアンティグアとキングストンに着陸したあと、犯人は逮捕された。乗っていた乗員6人と乗客54人の計60人は、全員無事だった。

1970年8月12日
YS-11A-219（登録記号：B-156、製造番号：2110）
中華航空

台湾の花蓮空港発台北-松山空港行きの国内線定期旅客便206便が台北-松山空港への進入中に、薯山山の山頂近くの竹林に墜落した。事故当時は濃い霧がでていて、視界はきわめて悪かった。乗っていた乗員5人と乗客26人の計31人は、全員死亡した。

1971年4月1日
YS-11-102（登録記号：PK-MYN、製造番号：2011）
メルパチ・ヌサンタラ航空

インドネシアのジャカルタ-ケマトラン空港で操縦訓練を行っていたメルパチ・ヌサンタラ航空のYS-11が、単発でのタッチ・アンド・ゴーの際に高度を失ってフラップ上げ状態で胴体着陸し、修理不能の損傷を負った。乗っていた3人は、全員無事だった。

1971年5月13日
YS-11（型式、登録記号、製造番号不明）
全日本空輸

東京羽田空港発仙台空港行きの国内線定期旅客便（便名不明）が、衣服の下にダイナマイトがあると主張する男性にハイジャックされて、北朝鮮行きを命じられた。機体は羽田空港に着陸し、犯人は逮捕された。ダイナマイトなどの爆発物はなかった。乗員・乗客計49人に、死傷者はなかった。

1971年7月3日
YS-11A-217（登録記号：JA8764、製造番号：2134）
東亜国内航空

札幌-丘珠空港発函館空港行きの国内線定期旅客便63便が、函館空港への着陸進入時に横津岳の中腹に墜落した。機体は高度約762mで着陸に向けて周回飛行を行っていたのち、高度を下げ始めたところで強い南西の風に流されて山中に墜落したものと考えられている。乗っていた乗員4人と乗客64人の計68人は、全員が死亡した。

1971年10月16日
YS-11（型式、登録記号、製造番号不明）
オリンピック航空

ギリシャのカラマタ空港発アテネ-エリニコン国際空港行きの国内線定期旅客便（便名不明）がレバノン行きを求める犯人1人にハイジャックされた．ハイジャック犯人は1時間以内に拘束・逮捕され、乗っていた乗員・乗客計64人は全員無事だった。

1971年11月7日
YS-11A-212（登録記号：PP-SML、製造番号：2076）
VASP航空

出発空港不明のVASP航空のYS-11がブラジルのアラガスカル空港に着陸した際に、ほかの航空機が滑走路上にいて、パイロットがそれを避ける操作を行ったことで、滑走路を逸脱して芝地に停止した。すぐに2人の警備員が機体に向かって警備に入ったが、機内に火のついたままのキャンドルがあって、それが火元になり機体が全焼した。機内に乗員・乗客はいなかったが、警備員の2人が死亡した。

25

1972年4月12日
YS-11A-211（登録記号：PP-SMI、製造番号：2059）
VASP航空

　ブラジルのサンパウロ-コンゴーニャス空港発リオ・デ・ジャネイロ-サントス・デュモン空港行きの国内線定期旅客便（便名不明）が、計器飛行気象状態の中リオ・デ・ジャネイロに向けて降下中に、高度1,524mを通過の報告から2分後に、リオ・デ・ジャネイロの北約50kmの山の中腹に墜落した。乗っていた乗員4人と乗客21人の計25人は、全員が死亡した。

1972年10月18日
YS-11A-202（登録記号：PP-CTG、製造番号：2063）
クルゼイロ航空

　クルゼイロ航空の国内線定期旅客便（便名、出発空港ともに不明）で、サンパウロ-コンゴーニャス空港に到着したクルゼイロ航空のYS-11が、滑走路のほぼ中間で滑走路を逸脱し、コンクリートの建造物に衝突するとともに溝に落ち込んで大破した。乗員・乗客数は不明だが、死者はなかった。当時は雨で、滑走路は濡れていた。

1972年10月21日
YS-11A-500（登録記号：SX-BBQ　製造番号2155）
オリンピック航空

　ギリシャのケルキア-イオアニス・カポディストリアス国際空港発アテネ-エリニコン国際空港行きの国内線定期旅客便506便が、アテネ空港に向けて着陸進入中に、空港から約3kmの海上に墜落した。乗っていた乗員4人のうち1人と、乗客の49人のうち36人の、計37人が死亡した。

1973年1月2日
YS-11（型式、登録記号、製造番号不明）
ピードモント航空

　アメリカのジョージア州アトランタの出発空港不明でボルチモア-ワシントン・フレンドシップ国際空港行きの国内線定期旅客便928便が着陸後に、乗客の1人が機内に残ってカナダ行きを要望した。ロー・カトリックの枢機卿とアメリカ連邦捜査局（FBI：Federal Bureau of Investigation）隊員による説得で、犯人は投降した。機体に損傷などはなく、また機内にいた乗員3人と乗客1人（犯人）に死傷者はなかった。

1973年10月23日
YS-11A-211（登録記号：PP-SMJ、製造番号：2078）
VASP航空

　ブラジルのリオ・デ・ジャネイロ-サントス・デュモン空港発ベロ・オリゾンテ／パンプーリャ空港行きの国内線定期旅客便12便が、離陸直後にサントス・デュモン空港から約1kmの地点に墜落した。離陸意思決定速度に達する前にエンジンの出力が低下して速度が8km/h遅くなり、パイロットは離陸中断を決めてフルブレーキをかけた。しかしブレーキは右車輪しかきかず、またパイロットが脚下げ操作を行ったため、機体は滑走路上を滑って滑走路を越え、グアナバラ湾に水没した。機体は修理不能の大破となり、乗っていた乗員5人と乗客60人のうち、乗客8人が死亡した。

1974年3月5日
YS-11A-202（登録記号：N208PA、製造番号：2082）
ピードモント航空

　アメリカのサンディエゴの空港（空港名不明）での訓練飛行中に、失速訓練のため低速での機首上げ飛行に入ったところ左右のプロペラが停止し、両エンジンのタービン部が温度超過に陥った。訓練生は失速回復操作を行ったが、機体は反応せず胴体着陸となった。整備時の指示が悪くプロペラ・ハブの接続スイッチが効かなくなっていて、そのことが乗員には知らされていなかった。機体は修理不能の大破となったが、乗っていた4人に死者はなかった。

1974年6月21日
YS-11A-500（登録記号：JA8782、製造番号：2167）
全日本空輸

　郵便輸送の1002便として大阪国際（伊丹）空港をタキシング中のJA8782が、駐機していた全日本空輸のYS-11A-213（JA8734、製造番号2103）の右補助翼後縁に接触した。火災などの発生はなく、1002便に乗っていた乗員2人は無事だった。

1974年11月6日
YS-11A-320（登録記号：N172RV、製造番号：2172）
リーブアリューシャン航空

　アメリカのアンカレジ国際空港で格納庫内に置かれていたYS-11に、溶接工の火が引火して、約3時間延焼したあと沈下した。機体は修理不能なレベルまで延焼し、また同じく格納庫に入っていたダグラスDC-3（N76）、ロッキードL-188PFエレクトラ（N7104C）も消失した。エレクトラも、リーブアリューシャン航空の所有機であった。

1975年5月28日
YS-11-125（登録記号：JA8680、製造番号：2041）
東亜国内航空

　大阪国際（伊丹）空港発沖ノ島空港行きの国内線定期旅客便621便が、離陸後に油圧漏れが発生したため大阪国際（伊丹）空港に戻って緊急着陸した。機体はタッチダウン後に滑走路を外れて停止し、修理不能の損傷を負った。乗っていた乗員4人と乗客18人の計22人に、死傷者はなかった。

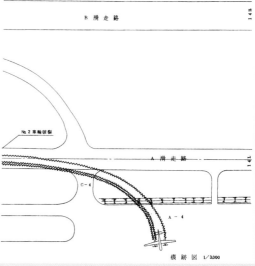

1975年5月28日の事故の見取り図（出典：航空事故調査報告書）

1976年4月19日
YS-11A-213（登録記号：JA8728、製造番号：2096）
全日本空輸

　高知空港発大阪国際（伊丹）空港行きの国内線定期旅客便516便が、大阪国際（伊丹）空港に着陸した際に後方胴体下面を滑走路に接触させた。機体は中破したものの、修理して再使用されている。乗っていた乗員4人と乗客62人の計64人は、全員無事だった。

1976年5月28日
YS-11A-106（登録記号：JA8643、製造番号：2007）
東亜国内航空

　東京国際（羽田）空港発旭川空港行きの国内線定期旅客便の103便が、旭川空港への進入中に乱気流に遭遇して、機体が大きく揺れた。これにより乗っていた乗員6人と乗客58人の計64人のうち乗

員2人と乗客2人が負傷した。また機体にも、軽微な損傷が発生した。

1976年11月23日
YS-11A-500（登録記号：SX BBR、製造番号：2156）
オリンピック航空

ギリシャのアテネ-エリニコン国際空港発ラリサ空港行きの国内線定期旅客便830便が、悪天候のためコザニ-フィリッポス空港に目的地を変更して飛行していたところ、コザニの南約19kmの山岳地標高1,300mの地点に墜落した。乗っていた乗員4人と乗客46人の計50人は、全員が死亡した。

1977年4月29日
YS-11A-202（登録記号：PP-CTI、製造番号：2080）

出発空港不明でブラジルのナヴェガンテス-イタジャイ空港行きの貨物便が、着陸時に滑走路を左に逸れて誘導灯などに衝突して、前脚や主脚を破損した。当時は飛行場周辺には濃い霧が発生していて、視程は500m程度であった。乗っていた乗員2人は、ともに無事だった。

1977年7月17日
YS-11A-301（登録記号：RP-C-1419、製造番号：2107）
フィリピン航空

飛行に関する情報はまったくないが、フィリピンの国内線定期旅客便がマクタン島の飛行場に着陸しようとしたところ、進入中に第1エンジンのタービン排気温度が850℃にまで急上昇し、機体は高度を失って海上に落下した。その後約5mの海底に沈んだが、乗っていた乗員3人と乗客22人の計25人は、全員無事だった。機体は、修理不能状態になった。

1977年8月9日
YS-11-109（登録記号JA8665、製造番号：2026）
東亜国内航空

札幌-千歳空港発女満別空港行きの国内線定期旅客便21便が、着陸時に滑走路端手前約265mでまず左プロペラが地面に接触し、次いで内側フラップ、主翼扉なども接地して胴体着陸となった。機体は中破して修理され、乗っていた乗員4人と乗客66人の計70人に死者はなかった。

1977年9月8日
YS-11A-213（登録記号：JA8755、製造番号：2127）
全日本空輸

東京国際（羽田）空港発大島空港行きの国内線定期旅客便85便が、大島空港に着陸した際に滑走路をオーバーランし、滑走路端から約36mの草地に停止した。機体の状態は中破で、乗っていた乗員5人と乗客50人の計55人に死者はなかった。

1978年1月28日
YS-11（型式、登録記号、製造番号不明）
ピードモント航空

アメリカのキンストン・ストーリン・フィールド発ウィルミントン-ニューハノーバー・カウンティ空港行きの国内線定期旅客便964便がキンストン・ストーリン・フィールドでの出発後に、銃をもっているという男性が客室乗務員を押しのけて操縦室に入り、キューバのハバナ行きを指示した。パイロットは機体をいったんニューベルンに着陸させて給油を行い、ふたたび飛行を始めたが、犯人が武器をもっていないことに乗客と乗員が気づいて取り押さえた。乗員と乗客計14人が搭乗していたが、死傷者などはなかった。

1979年7月21日
YS-11-109（登録記号：JA8656、製造番号：2020）
東亜国内航空

東京国際（羽田）空港発南紀白浜空港行きの国内線定期旅客便

381便が、羽田空港を離陸し脚上げ操作を行ったところ、左主脚に異常が検出された。脚下げ操作を行っても左主脚がでなかったため、約3時間周回飛行を行ったあと、前脚と右主脚で羽田空港に着陸した。その際に機体は滑走路を左に逸脱して停止し、中破した。火災は発生せず、乗っていた乗員4人と乗客67人（うち3人は幼児）の計71人に死者はなかった。

1979年8月10日
YS-11A-213（登録記号：JA8727、製造番号：2095）
日本近距離航空

対馬空港発福岡空港行きの国内線定期旅客便976便が福岡空港に着陸した際に、後方胴体下面が滑走路に接触して、機体が中破した。火災は発生せず、乗っていた乗員4人と乗客55人の計59人に死傷者はなかった。タッチダウン直前の引き起こし操作が大きく、迎え角が過大になって失速に近い状態で落下気味に接地したのが原因であった。

1979年10月2日
YS-11A-213（登録記号：JA8761、製造番号：2133）
全日本空輸

東京国際（羽田）空港発高知空港行きの国内線定期旅客便561便が、高知空港に着陸した際に、後方胴体下面が滑走路に接触して、機体が中破した。火災は発生せず、乗っていた乗員4人と乗客58人の計62人に死傷者はなかった。着陸の最終段階でパワーオフに近い状態で大きな迎え角を取り、失速に近い状態で接地したのが原因であった。

1979年11月4日
YS-11A-213（登録記号：JA8729　製造番号2097）
全日本空輸

高知空港発東京国際空港行きの国内線定期旅客便564便が串本無線標識局の東約40海里（74km）の地点高度約9,000フィート（2,743m）で乱気流に遭遇し、乗っていた乗員4人と乗客60人の計64人のうち、客室乗務員2人と乗客2人が負傷した。機体には大きな損傷はなく、羽田空港に無事着陸した。

1980年4月9日
YS-11-103（登録記号：JA8610、製造番号：2003）
運輸省

運輸省航空局所有のYS-11が航空保安無線施設の超短波全方向無線標識／距離測定装置（VOR/DME：VHF Omni-directional radio Range/Distance Measuring Equipment）の開局飛行検査を終えて奄美大島空港に着陸し、燃料補給ののち徳之島空港に向かって同空港を着陸し、その際に後方胴体下面が滑走路に接触して、機体が中破した。パイロットが着陸時に適切な引き起こし操作を行っていなかったことが原因と考えられた。乗っていた4人に、死傷者はなかった。

1980年12月24日
YS-11A-213（登録記号：JA8735、製造番号：2108）
全日本空輸

東京国際（羽田）空港発八丈島空港行きの国内線定期旅客便839便は、八丈島上空に到達したものの風が強かったため着陸を取りやめて羽田空港に引き返すことにした。その途中、木更津VOR（VHF Omni-directional radio Range＝超短波全方向無線標識）の南東約20海里（37km）、高度約8,000フィート（2,438m）で機首付近に落雷を受けた。機体はそのまま無事に羽田空港に着陸したが、着陸後の点検で機首右舷に損傷を受け、また垂直尾翼の一部が飛散していたのが見つかった。

1982年2月16日
YS-11A-621（登録記号：N169RV、製造番号：2169）
リーブアリューシャン航空

　アメリカのアンカレジ国際空港発キングサーモン空港行きの国内線定期旅客便69便が、右エンジンの燃料フィルターが凍結して燃料が流れなくなりエンジンが停止したため、キングサーモン空港近くの氷結していたナクネク川に脚上げ状態で緊急着陸した。左エンジンは、理由は不明だがエンジン流量が超過していたためオーバーヒート状態にあって、フィルターの凍結は起きていなかった。乗っていた乗員3人と乗客36人の計39人に死傷者はなく、機体も修理ののち再使用されている。

1983年3月11日
YS-11A-208（登録記号：JA8693、製造番号：2060）
日本近距離航空

　札幌-千歳空港発中標津空港行きの国内線定期旅客便497便が、中標津空港への着陸に向けての最終進入に向けた旋回後に、滑走路の手前100mの、40cmの雪地帯に着地した。機体は大破して修理不能となったが、乗っていた乗員5人と乗客48人の計53人に死傷者はなかった。

1983年3月26日
YS-11A-213（登録記号：JA8792、製造番号：2178）
東亜国内航空

　徳之島空港発奄美空港行きの国内線定期旅客便554便で、離陸から約10分後の飛行中に幼児1人が客室で死亡した。幼児は急性腸炎などのために奄美大島の病院に移送されていたもので、容態が急変して死亡した。死因は、嘔吐物を気管内に誤飲したことによる窒息死で、機体はその後奄美空港に着陸し、乗っていた乗員4人と乗客36人（うち2人は幼児）の計40人に、死亡した幼児を除いて、死傷者はなかった。機体にも、異常などはなにもなかった。

1984年7月28日
YS-11A-320/623（登録記号：JA8807、製造番号：2171）
東亜国内航空

　三沢空港発東京国際（羽田）空港行きの国内線定期旅客便7013便が、青森空港をタキシング中に左主翼を、西側ショルダー部に待機していた航空自衛隊の消防車に接触させた。機体は左主翼前縁を中破したが、火災は発生せず、また乗っていた乗員5人に死傷者は

なかった。この機体は、大阪国際伊丹）空港発青森空港行きの便であったが青森空港が天候不良だったため三沢空港に着陸し、乗客を降ろしたあと、パイロット2人とオブザーバー3人により羽田空港に回航する便として運航されたもの。機長が消防車との間隔を的確に判断することなくタキシングを続けたことが原因であった。

1985年10月24日
YS-11-117（登録記号：JA8707、製造番号：2030）
全日本空輸

　大阪国際（伊丹）空港発高知空港行きの国内線定期旅客便429便が、滑走路に向けたタキシング中に、進行方向右側に停止中の東亜国内航空のYS-11A-205（JA8651、製造番号2061）の右主翼端に、右主翼端を接触させた。どちらも右主翼端の一部が損傷したが、JA8707に乗っていた乗員4人と乗客60人の計64人、JA8651に乗っていた乗員4人と乗客64人の計68人の全員に、死傷者はなかった。全日本空輸429便の機長が、右主翼端の視認が困難な状況でタキシングを継続したことが原因とされた。

1987年1月13日
YS-11A-213（登録記号：N906TC、製造番号：2154）
ミッドパシフィック航空

　アメリカのインディアナポリス国際空港発ラファイエット・ブルード・ユニバーシティ空港行きで試験飛行を行っていたYS-11が、失速しながらの着陸進入を試みていたところ、プロペラが巡航ピッチ位置で固定して動かなくなってしまった。エンジンの出力を下げると左プロペラは自動でフェザー位置になり、右プロペラもその後機長の操作でフェザリング位置になったが、機体は落着して修理不能の大破状態になった。乗っていた3人は、全員無事だった。

1987年7月25日
YS-11A-221（登録記号：JA8765、製造番号：2141）
東亜国内航空

　東京国際（羽田）空港発高松空港行きの国内線定期旅客便395便が、出発に向けたタキシングしていたときに天候が急変したため、離陸を取りやめて駐機場に引き返すことにした。そのタキシング中に突風をともなう強風が吹いたことで、機首が持ち上げられて右に約170度回頭して、その際に後方胴体が接触して損傷を負った。乗っていた乗員4人と乗客61人（幼児1人を含む）の計65人には、死傷者はなかった。

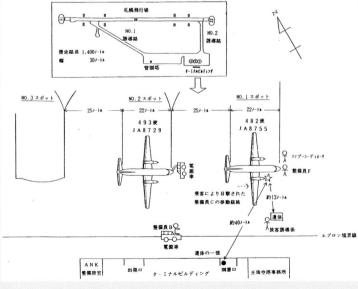

1988年11月24日の事故の見取り図
（出典：航空事故調査報告書）

1988年1月10日
YS-11-109（登録記号：JA8662、製造番号：2022）
東亜国内航空
　米了·美保空港発大阪国際（伊丹）空港行きの国内線定期旅客便670便が、美保空港を離陸する際に、副操縦士が昇降舵の操縦が引き起こし操作を行うには重すぎると感じ、離陸を中断した。機体は滑走路を60mオーバーランして、浅瀬に突っ込んで停止した。当時は軽い雪が降っていて、着氷が発生していたとみられている。機体は修理不能の損傷を負ったが、乗っていた乗員4人と乗客48人の計52人には死傷者はなかった。

1988年11月24日
YS-11A-213（登録記号 JA8755、製造番号：2127）
エアーニッポン
　中標津空港発札幌-丘珠空港着の国内線定期旅客便482便が、丘珠空港到着後に駐機場に入りエンジン停止が行われたが、慣性で回転を続けていた右プロペラに整備員が接触して死亡した。整備員が、プロペラが慣性で回転していることに気づかず接近したことが原因とされた。乗っていた乗員4人と乗客38人の計42人に、死傷者はなかった。

1989年3月15日
YS-11A-300F（登録記号：N128MP、製造番号：2139
ミッドパシフィック航空
　テレホート・フルマンフィールド発ラファイエット・プルード・ユニバーシティ空港行きのフェリー飛行を行っていたYS-11が、着陸の最終段階で突如機首下げ姿勢になって、滑走路の手前15mの盛り地に衝突した。パイロットが水平尾翼への着氷に気づかず、またフラップを完全下げにしたことで機体の重心位置が狂い、機首下げが発生した。機体は大破したが、乗っていた2人は無事だった。

1992年3月6日
YA-11A-205（登録記号：N918AX 製造番号　2112）
エアボーン・エクスプレス
　アメリカのオハイオ州ウィルミントン-クリントン・フィールドで訓練飛行を行っていたYS-11が着陸進入時に脚下げを忘れて胴体着陸を行い、大破した。乗っていた乗員3人は、全員無事だった。

1993年12月9日
YS-11-117（登録記号：C5-GAA、製造番号：3030）
ガンビア航空
　セネガルのダカール-ヨフ空港発ガンビアのバンジュール-ユンドゥム国際空港行きの国際線定期旅客便（便名不明）が、ダカール-ヨフ空港の近くでエアセネガルのデハビランド・カナダDHC-6ツインオター（登録記号6V-ADE、製造番号393）と空中衝突した。離陸直後だったYS-11はただちにダカール空港引き返して着陸し、乗っていた乗員4人と乗客34人の計38人は全員無事だった。DHC-6は海に墜落し、乗っていた乗員1人と乗客2人の全員が死亡した。

1996年11月16日
YS-11-109（登録記号：RP-C1981、製造番号：2032）
エア・フィリピン
　出発空港不明でフィリピンのナガ空港行きの国内線定期旅客便（便名不明）が、滑走路への設置直前に脚を滑走路端に激しくぶつけて損傷した。機体は滑走路に滑り降りて火災が発生したが、乗員5人と乗客31人の計36人は全員脱出して無事だった。機体は、修理不能の状態となった。

1998年11月24日
YS-11A-213（登録記号：JA8755、製造番号：2127）
エアーニッポン
　中標津空港発札幌　丘珠空港着の国内線定期旅客便482便は、丘珠空港に着陸後駐機したが、慣性で回転していたプロペラに整備員が接触した。乗員4人と乗客38人の計42人は全員無事だったが、プロペラに接触した整備員は死亡した。

2000年2月16日
YS-11A-213（登録記号：JA8727、製造番号：2095）
エアーニッポン
　函館空港発札幌-丘珠空港行きの国内線定期旅客便354便が、丘珠空港への着陸に際して滑走路を右に外れて、積雪地帯に突っ込んだ。降着装置、プロペラ、前方胴体に損傷を負って、機体は修理不能と判定された。乗っていた乗員4人と乗客37人の計41人は、全員無事だった。

2001年11月3日
YS-11A-214（登録記号：9U-BHP、製造番号：2165
トリゴン
　ブルンディの航空会社向けの修理のため2001年5月13日にイギリスのサウスエンド空港にあるトリゴンの施設に運び込まれていたYS-11が、火災を起こして消失した。機体は、屋外に駐機した状態であった。この火災による死傷者はなかった。

2005年9月11日
YS-11-500R（登録記号：HS-KVO、製造番号：2116）
プーケット航空
　タイのバンコク-ドン・ムアン国際空港発マエ・ソト空港行きの国内線定期旅客便326便が、着陸時に滑走路で滑って、小さな溝にはまり込んだ。機体の損傷は大きくなかったが、修理を行わないほうが経済的とされて廃棄処分となった。乗っていた乗員4人と乗客24人の計28人は、全員無事だった。

2006年11月16日
YS-11A-600（登録記号：RP-C3590、製造番号：21206）
アボイティズ・エア
　フィリピンのタクロバン-D.Z. ロマオルデス空港発マニラ-ニノイ・アキノ国際空港行きの貨物便がマニラ空港にタッチダウンした直後に操縦を失い、滑走路を右に逸脱した。右主脚を大きく壊し、機体は修理不能で廃棄処分にされた。機体には荷主を含めて9人が乗っていたが、全員無事だった。

2008年1月2日
YS-11A-500（登録記号：RP-C3592、製造番号：2108）
エイジアン・スピリット
　フィリピンのマニラ-ニノイ・アキノ国際空港発マスバテ空港行きの国内線定期旅客便321便がマスバテ空港への最終着陸段階で突風に煽られて、滑走路を飛び越えるとともに、コンクリート製のフェンスに主脚をぶつけて損傷を負った。あわせて右エンジンも壊れたため、機体は廃棄処分となった。乗っていた乗員4人と乗客43人の計47人は、全員無事だった。

2009年9月28日
YS-11M-A-624（シリアル・ナンバー　9044、製造番号：1282）
海上自衛隊
　岩国航空基地発小月航空基地行きの海上自衛隊の定期輸送便のYS-11が、小月航空基地に着陸した際に滑走路をオーバーランした。機体には11人が乗っていたが全員無事で、機体も修理後に再使用された。この輸送便のこの日のルートは、厚木航空基地を出発して徳島航空基地、岩国航空基地を経由して小月航空基地を終点とするものであった。なおこの機体は、YS-11の製造最終機である。

航空自衛隊の初代輸送機であるカーチスC-46コマンドー。当時の防衛庁は、日本独自の愛称として「天馬」と命名した。航空自衛隊発足当時に、C-46がすでに旧式機であったことは明白だった（写真：防衛庁）

日本航空機製造がYS-11に続く旅客機と案出したYS-33の想像図。ライトブルーを基調にしたモヒカンルック当時の全日本空輸塗装で描かれている（画像：日本航空機製造）

I-2　国産旅客機YS-33計画と新輸送機（C-X）開発計画

YS-33開発計画

　YS-11に続いて日本航空機製造が開発を検討していたのがYS-33である。1966年にはYS-11の事業が赤字化する可能性が指摘されたことから、日本航空機製造は政府からの新たな助成獲得作として次期旅客機の開発を考えて、昭和42（1967）年度予算で委託調査費を獲得し、運用要求の研究に入った。その結果新旅客機は90席級で航続距離は800海里（1,482km）、1,200m滑走路からの運用能力をもつファンジェット機という概要がまとめられた。1968年にはこれにもとづいた具体案作りが開始され、やや大型化するなどの変更が加えられ、1967年7月31日にYS-33の名称で機体計画が発表された。

　YS-33のエンジンはロールスロイスRB203-09トレント（今日のトレントとは無関係）のターボファン3発で、基本型で119席のYS-33-10と、胴体を延長して134席にするYS-33-20およびさらにストレッチして149席にするYS-33-30の3タイプが考えられた。

　計画されたYS-33-10の基本データは次のとおり。

YS-33-10

全幅	30.0m
全長	31.5m
全高	11.3m

航空自衛隊独特の能力要求にもとづいて開発された川崎C-1。作業スタート時には、日本航空機製造の事業として扱われていた（写真：航空自衛隊）

主翼面積	120m²
運用自重	27,760kg
最大離陸重量	46,750kg
エンジン推力	44.4kN×3
最大巡航速度	マッハ0.78
航続距離	600（1,111km）

開発スケジュールとしては、1973年に初飛行し、1974年に型式証明を取得するとされた。ただこの当時日本航空機製造はYS-11の量産事業を本格化させる時期にあたっていて、新型旅客機の開発を手がける余裕などはまったくなかった。また現実的には、ファンジェットの3発機を開発できる技術力はなく、荷が勝ちすぎる計画であったといえる。

さらには、3発ジェット旅客機はボーイング727がベストセラーへの道を歩んでいて、YS-33はそれよりも小型とはいえ、双発のボーイング737やダグラスDC-9などと市場を競うことになり、どの程度のシェアが獲得できるかはまったく未知数であったため、当然このプランはアイディアから先には進まなかった。

新輸送機（C-X）開発計画

日本航空機製造による航空機の設計作業で、YS-33よりもさらに具体化へと進んだプロジェクトがあった。航空自衛隊の新輸送機（C-X：Cargo Experimental）である。

1954年7月1日に防衛庁が設置されると、空の国防を受けもち組織として航空自衛隊が設立された。航空自衛隊は、その役割を果たすために各種の航空機を装備したが、初期のものはほぼすべてがアメリカからの貸与機であった。これは隊員や物資を空輸する輸送機も同様で、輸送機の主力となったのはレシプロ・エンジン双発のカーチスC-46コマンドーであった。

C-46は、原型で民間型のCW-20の初飛行が太平洋戦争前の1940年3月26日で、アメリカ空軍では新型機の開発が進んだこともあって1950年には退役を開始させていた。日本に貸与されたのもほとんどが1944〜45年

編隊飛行を行う第2輸送航空隊第402飛行隊のC-1。埼玉県の入間基地に所在する部隊である（写真：航空自衛隊）

製のC-46Dで、特に軍用輸送機としては能力面で圧倒的に見劣りするものであった。

アメリカではC-46に代わる輸送機としてフェアチャイルドC-119フライングボックスカー（1947年11月17日初飛行、最大搭載量12,500kg）やフェアチャイルドC-123プロバイダー（1949年10月14日初飛行、最大搭載量11,000kg）が開発されていたが、航空自衛隊が求めるC-Xには空中投下機能も含めて能力不足で、またどちらの機種もエンジン一基停止時の性能に問題があるなどの不満があった。1954年8月23日には、戦術軍用輸送機の傑作となったロッキードC-130が初飛行し、防衛庁もすぐに隊員をアメリカに派遣して調査を行ったが、ターボプロップ4発で20,000kgの搭載能力をもち、その状態でも3,000海里（5,556km）近くを飛行できるという能力は、当時の航空自衛隊にはあまりにもオーバースペックと考えられた。

一方で日本の航空機産業は、1960年代までにアメリカ製航空機のライセンス生産や、防衛庁向け練習機の開発、そしてYS-11の開発などによって力をつけてきていて、各社ともにC-Xの開発に意欲を見せていた。そして1965年には、防衛庁内でC-Xを国内開発する方向が固まり、運用や性能、もつべき要件の洗いだしが行われて、同年6月に航空幕僚監部から防衛庁内部部局に基本要目が説明され、7月に防衛庁はC-Xをターボファン双発機として国内開発を実施するとして9月に大蔵省へ予算説明を行ったのである。そして昭和41（1966）年度予算に、基本設計費が初計上された。

C-Xの担当企業には、YS-11の作業を行っている日本航空機製造が選ばれた。YS-11で実績と経験を積んでいることと、業界全体の協力が得やすいというのが理由であった。

C-Xの運用要求

1965年に入ると、航空幕僚監部を中心に、陸上幕僚監部と海上幕僚監部も加えてC-Xの運用要求の作成に機体計画を具体化させようと着手し、1966年1月26日に正式決定された。それらは次のとおりであった。

中型輸送機（仮称：XC-1A）要求性能
1. 任務
   資材人員の輸送および空中投下を行う
2. 飛行性能
   ペイロード/航続距離/着陸性能
   ア．8トン/700海里（1,296km）以上/4,000フィート（1,219m）舗装滑走路を常用可能
   イ．6.5トン/1,200海里（2,222km）以上
   ウ．軽荷状態（アのペイロード＋燃料重量の1/2を搭載）で2,000フィート（610m）転圧滑走

隊列を組んでタキシングするC-1高翼配置の主翼とT字型尾翼、バルジにつけた主脚など、軍用輸送機の標準的な機体構成が採られている（写真：航空自衛隊）

　　路に離着陸

速度：巡航速度は250ノット（463km/n）以上で務めて大きいこと。

高度：1発不作動時に15,000フィート（4,672m）以上を飛行できること

空中投下：空挺隊員の連続投下と、3/4tトラックの投下が可能

操縦性：安定性があり、操縦容易、失速特性良好であること

3. 強度

運用限界荷重倍数：＋3G/－1G

構造耐用命数：2万飛行時間以上/3万飛行回数以上

4. 乗組員

正副操縦士、航法士、機上整備員、空中輸送員の計5名

　使用エンジンについては、ロールスロイス／スペイ（55.5kN）では推

力不足で、特に高温条件下で離着陸性能要求を満たせないとされたことから、プラット＆ホイットニーのJT8D-9（64.5kN）とジェネラル・エレクトリックJ79/F2A（71.4kN）の提案を受けた。後者は、航空自衛隊の戦闘機F-104スターファイターで使用されていたJ79ターボジェットにCJ805-23Bのアフトファンを装備したもので、J79との共通性はあるものの装備型新規開発エンジンとしてのリスクが不安視された。一方のJT8Dはターボファンで、民間旅客機のボーイング727やダグラスDC-9などで運用実績を積み重ねており、この点が評価されてJT8D-9に決定した。

XC-1のおもな製造分担企業と担当部位

　こうして要目が固まっていった中

型輸送機はXC-1と命名されて、1967年9月に基本設計を完了した。1967年末には主翼翼型の変更や下反角の変更（5.5度にした）といった修正が加えられ、1968年9月に実大モックアップの審査を通過し、1969年末に日本航空機製造から機体製造の分担各社に、計17,259枚の設計図の出図が行われた。ちなみに、この時点でのおもな製造分担企業とその担当部位は、次のようになっていた。

● 川崎航空機：前方胴体、中央翼、最終組み立て、飛行試験
● 三菱重工業：中央胴体、後方胴体、尾翼
● 富士重工業：主翼外翼
● 日本飛行機：主翼の動翼、パイロン、エンジン・ポッド
● 新明和工業：貨物積載装置、尾翼の動翼（三菱重工業の下請け）

4重隙間式フラップを下げてタッチダウンし、エンジンのスラスト・リバーサーと主翼のエアブレーキを使って短距離制動を行うC-1（写真：青木謙知）

ほかに各機器メーカーが操縦装置、油圧装置、電子機器、計器、電気系統、燃料系統、降着装置などの製作を担当した。

またXC-1の主要な要目は、次のとおりであった。

主要要目

全幅　　約32m
全長　　約28m
全高　　約9m
正規全備重量　約37.5t
過荷全備重量　約39t
軽荷全備重量　約30.5t
エンジン×基数　JT8D-9×2
推進力　63.4kN

正規運航時性能

航続距離／ペイロード
　700海里（1,296km）以上／8t
巡航速度／高度
　約370ノット（685 km/h）
　/35,000フィート（10,668m）
最大速度／高度
　約440ノット（815 km/h）
　/25,000フィート（7,620m）
所要滑走路長

4,000フィート（1,219m）以下
空挺降下速度
　計器指示速度115ノット（213km/h）以下
1発停止上昇限度
　15,000フィート（4,572 m）以上

過荷運行時性能

航続距離／ペイロード
　1,200海里（2,222km）以上／6.5t
所要滑走路長
　4,200フィート（1,280m）以下

軽過荷運航時性能

50フィート（15m）超え離着陸距離　2,000フィート（610m）以下

機内

乗員　5名
空挺隊員　45名
兵員　60名
担架　36床
貨物室（長さ×高さ×床幅
　約10×2.5×2.7m
室内高度／飛行高度
　0〜8,000フィート（0〜2,438m）
　/35,000フィート（10,668m）

XC-1の機体構成

XC-1の機体構成は標準的な軍用輸送機に準じていて、円形断面の与圧式胴体の上に高翼型式で主翼を配置し、尾翼は水平尾翼を垂直尾翼頂部に取りつけたT字型になっている。これにより胴体最後部を上下に開く貨物扉とすることを可能にして、上方扉は貨物室内上部に向けて開くことで開口部を最大化し、下側扉は下開き式にして搭載用ランプと兼用にしている。この2枚の扉は、飛行時に完全に閉じると後方圧力隔壁としての役割を果たす。主脚は左右胴体下部に設けられたバルジ（張りだし）に取りつけて、バルジ内に引き込みまた収納することで、貨物室スペースに影響をおよぼさないようにされている。

各種諸元で目につくことの1つが、航続距離を短く設定していることである。これは、第二次世界大戦の終結からまださほど時間が経っていないときに、防衛専用とはいっても輸送機に長い航続距離をもたらせるこ

C-Xには飛行中の機体からの物資投下や空挺降下能力が必須とされていた（写真：航空自衛隊）

とは、周辺諸国に無用な警戒感を抱かせるという配慮からであった。日本国内だけの空輸であれば、北海道〜九州間を飛行できる力があれば十分ということになるから、札幌〜福岡間の約2,000km、あるいは札幌〜鹿児島間の約1,500kmあたりが目安ということになり、これが要求性能にも反映された。

なお、1972年5月15日に沖縄がアメリカから返還されると、陸・海・空3自衛隊はそろって那覇空港に部隊を配置するなどしたため、状況が大きく変わった。那覇までの距離は東京からでも約1,600kmあり、札幌からでは約2,400kmになる。このためC-Xの量産型C-1では、最終製造の2機は主翼中央翼内を燃料タンクにして、航続距離を延伸した。

もう1つ重視されたのが、きわめて優れた短距離離着陸性能の確保であった。1960年は日本各地の空港整備が緒につき始めた時期で、2,000m級の滑走路を有する空港や基地はか

ぎられており、ましてや離島の飛行場ともなればなおさらであった。C-1により全国各地に、できるだけ漏れなく物資などを届けるには、短い滑走路の飛行場でも運用できるようにするのは必須の課題であった。そこで案出されたのが、主翼後縁の四重隙間式フラップである。

フラップは、主翼後縁部をある程度下げることで主翼の発生揚力を大きくし、より低速での離着陸を可能にすることで、それらに必要な滑走距離の短縮を実現する装置だ。単純なものは後縁部をたんに下げるだけだが、より効果を高めるために押しだしながら下げていくファウラー・フラップが実用化された。そのファウラー・フラップで枚数を増やし、曲線を作るように下がるようにしたのが、隙間式フラップである。

XC-1/C-1のフラップの工夫

隙間を増やす、すなわちフラップ

の構成枚数を増やすと揚力増強の効果はさらに高まることから、1960〜70年にかけて作られた短距離離着陸機の多くに二重隙間式や三重隙間式のフラップが愛用され、それは研究機にとどまらず実用機でも同様で、ボーイング737-100/-200や747-100/-200などで三重隙間式フラップが装備された。またボーイング747の長距離型である747SPでは、最後の1枚を別に動かす可変ピボット式にして、下げ角を大きくできるようにしていた。

とはいってもXC-1とその量産型であるC-1に用いられた四重隙間式フラップは、特殊といってよいものである。前記したように、隙間を増やすとフラップの構成枚数が増えるため、下げ角をより大きくすることが可能になる。そしてそこにエンジン排気を直接吹きつけると、排気の流れがフラップの曲面に沿って下に向かうため、機体を持ち上げる力に転換される。そしてそれが、さらに短

距離での離着陸を可能にする効果を生みだすのである。

量産型C-1では、主翼の面積（中央翼1.6m²を含む）の120.5m²に対して片翼で内側と外側に二分割されているフラップの合計面積は92.9m²もあり、また最大下げ角は内側が75度、外側が65度となっている。

この四重隙間式フラップと、主翼前縁の全翼幅にわたる前縁スラットの組み合わせによる強力な高揚力装置によりC-1は、最大過荷重量45tでも4,200フィート（1,280m）の滑走で離陸が可能で、どのような条件でもほとんどの場合1,200m滑走路での離着陸運用が可能という性能を獲得したのである。

このように、多重隙間式フラップが短距離離着陸性能の向上に大きな効果があることは実証されているが、今日では軍用機でも民間機でも、こうしたフラップを使用している機種はほとんどない。アメリカ空軍の新型輸送機で、優れた短距離離着陸性能が求められたボーイングC-17Aグローブマスター–Ⅲでも、フラップは二重隙間式で最大下げ角は40.5度である。これで最大離陸重量（265t）時の離陸滑走距離2,500m、重量179tであれば914mという短い離陸滑走距離を達成している。

多重隙間式フラップが使われなくなった理由

今日、多重隙間式フラップが使われなくなったのにはいくつかの理由があるが、基本的にはフラップの枚数をはじめとして構成部品が多く、機構が複雑になることである。これを簡素なフラップ・システムと比較すると、次のデメリットがある。

1. 整備性が悪い
2. 故障発生率が高くなる
3. システム全体が重くなる

これらはいずれも、機体の運航効率を低下させまた稼働率を下げ、使用期間全体にかかる経費を押し上げることにつながり、使用者としてはもちろん避けたいことばかりだ。一方でエンジン技術の発展やフラップ・システムの設計技術の進歩などが、簡素なシステムでも要求される離着陸性能を達成できるようになったことで、特別な運用要求が課せられた機種以外では複雑な機構を不要にしたのである。

また旅客機においては、離着陸時の騒音も大きな問題になった。隙間式フラップは、その名のとおり各フラップ間に隙間が設けられていてそこを空気流が通過する。離着陸時の飛行速度は相対的に遅いが、それでも通常は150ノット（278km/n）程度には達する。低速着陸が可能なC-1でも、通常の着陸速度は100ノット（185km/n）程度なので、フラップ間を流れる空気流のそれと同等の高速となり、そこで発生する風切り音はかなり大きく、離着陸時の機外騒音値を増幅させてしまう。

民間旅客機では1980年代以降今日まで、騒音について離着陸時の各種の規制があり、空港によっては標準よりも厳しい制限値を課しているところもあるから、旅客機製造者はこうした騒音にはかなり神経を使っている。そして、わざわざ騒音を高める装置は使わないというのは、当然のことだ。この結果、近年の旅客機のフラップ・システムはきわめて簡素なものになっている。総2階建ての超大型機であるエアバスA380、そしてボーイングの最新旅客機787、さらにエアバスA350XWBはいずれも、フラップ1枚だけの単隙間式だ。

そして本書の対象旅客機である三菱MRJ/SpaceJetもまた、単隙間式のフラップを装備した。

C-1の量産化

C-1では、2機の飛行試験試作機（XC-1）と1機の地上強度試験機（0-1号機）が作られて、XC-1の初号機（18-1001）は1970年8月24日にロールアウトして11月12日に川崎重工業岐阜工場で初飛行した。

また2号機（28-1002）も1971年1月16日に初飛行して飛行試験を重ね、1号機が1971年2月27日に2号機は同年3月20日にそれぞれ日本航空機製造から防衛庁に引き渡されて、実用試験を経て1973年12月13日に航空自衛隊の輸送航空団に配備が行われた。さらに量産機2機が加わった1975年1月にC-1の名称で制式化されて、実運用に入った。

この間の大きな変化としては、C-1の量産機については川崎重工業が主契約者になることになった点が挙げられる。これは、日本航空機製造が民間旅客機の開発と製造を業務とする政府出資の特殊法人として設立されていたことによるもので、防衛庁の輸送機の製造を行うことが設立の趣旨に反するとされたことによるものだ。このため1972年3月に締結された先行量産契約（3、4号機）から1980年3月の最終契約まで、川崎重工業は31機（ほかに2機）のC-1を生産し、1981年10月に最終製造機を防衛庁に納入してC-1の製造プログラムは終了した。

YXがアメリカのボーイングとの共同作業となり、その結果完成したボーイング767。ローンチ・カスタマーのユナイテッド航空の旧塗装機である（写真：Wikimedia Commons）

I -3　次期輸送機（YX）開発計画とY-XX_7J7

次期輸送機（YX）開発計画とボーイング

　YS-11の生産が終了し、日本航空機製造による生産が終了すると、民間旅客機の開発計画は振りだしに戻ることになった。1970年代以降に向けて開発すべき旅客機が、YS-33のような3発機であるべきかどうかは別にして、ファンジェットエンジン機となるのは確実で、また客席数はYS-11の2〜3倍とする必要があると考えられた。しかし日本のどの航空機メーカーも、そうした技術を開発できる技術力も資金力もないことは明らかだった。そこでYS-11に続く次期輸送機（YX：Ysoki Experimental）の

国際共同化が模索されて、1970年3月に機体メーカー、航空会社、学識経験者を委員とし、運輸省、通商産業省、防衛庁からオブザーバーを迎えて、「YX仕様検討委員会」が開催されて、YX計画について検討が行われた。しかし採算性や経済性などで議論百出となって玉虫色の結論しかでてこなかった。

　他方、日本のYX計画に対して、オランダのフォッカー社、アメリカのボーイング社とダグラス社、イギリスのブリティッシュ・エアクラフト・コーポレーションなどから共同開発の申し入れが相次ぎ、これを受けて航空機工業審議会が1971年6月にヨーロッパとアメリカに調査団を派

遣し、同年10月に共同開発の相手としてはボーイングがもっともふさわしいとの結論をだした。世界の民間旅客機市場で半分以上のシェアを有し、7X7シリーズの開発を検討していたことがおもな理由であった。

　また航空機工業審議会は1977年に、YXの開発目標を150〜200席の双発短距離機とすることや、日本航空機製造とは別の公団あるいは事業団設立すべきことなどを答申した。こうして1973年4月に、YXの開発母体として、民間輸送機開発協会（CTDC：Commercial Transport Development Corporation）が三菱重工業、川崎重工業、富士重工業の共同出資で設立された。3社の出資比

CRT表示装置を使って2人乗務コクピットとして設計されたボーイング767の操縦室（写真：青木謙知）

ボーイング767と同時期の開発で、同様のグラス・コクピット設計でワイドボディ機2人乗務を実現したエアバスA310の操縦室（写真：Wikimedia Commons）

率は、均等であった。

7X7計画と日本企業の関わり

　ボーイングによる7X7計画の推進は、航空会社の要望により揺れ動いた。当時ボーイングの旅客機群では、727と747の座席数のギャップがきわめて大きく、またちょうどそこにあた

る200〜250席級の中距離旅客機を求める航空会社の声が多数あったのは確かだったが、航空会社の要望はかならずしも統一されたものではなく、特に胴体の太さではナローボディ型とワイドボディ型の双方に要望が分かれていた。最終的にボーイングは、操縦室の設計をはじめとして高い共通性をもたせる単通路機と2通路機の2機種を開発することにした。前者

は757後者は767となって、YXは767の共同開発に決まった。

　日本企業の製造分担などはCTDCがとりまとめを行い、機体フレームに対する日本側の製造分担比率は約15％となった。ボーイングにおける767の開発は順調に進み、最初のタイプである767-200の初号機は、プラット＆ホイットニーJT9D-7R4Dエンジンを装備して、1981年9月26日に初

日本がY-XXとして計画し、ボーイングも7J7として研究したプロップファン150席機の想像図。現実には、ボーイングはこの機体案にほとんど関心を有しておらず、計画は打ち切られた（画像：ボーイング）

飛行した。

767の大きなセールスポイントの1つが、操縦室に画面表示式計器を使用するとともに、システム管理などにコンピューターを導入して、機長と副操縦士の2名のクルーで運航できるようにすることを可能にするというものであった。だがこれにアメリカの航空会社パイロット組合が猛反発したことでアメリカ連邦航空局（FAA：Federal Aviation Administration）の型式認定が得られる見通しが立たなくなり、従来と同様に航空機関士を含む3名乗務機として実用化させることにした。

しかしヨーロッパでは、エアバス・インダストリー（現エアバス）が開発していた、ほぼ同クラスのA310にやはり767と同様の最新技術が取り入れられていて、これに対して欧州合同証明機構（JAA：Joint Aviation Authorities）が2人乗務機として認定をだすことを決めた。これがアメリカ政府を動かして、767の2名乗務を認めることに方針を転換した。このため767は飛行試験中に2名クルー機に変更され、それで証明を取得したのであった。

YXX開発計画とエアバスの台頭

ボーイング767として完成し、事業で成功を収めたYXに続いて計画されたのがYXX（Ysoki Experimental Next）である。1,832機を製造し、初期のジェット旅客機としては大ベストセラーとなったボーイング727の後継となる150席級の旅客機需要が1980年代に伸びるという予測は、当時の旅客機メーカー各社がだしていて日本でもYXに続いてその市場向けにXYXを、ボーイングと共同で開発することが1970年代末に検討された。ボーイングもこれを7J7と名づけて開発を模索したが実現には至らなかった。

その背景は後述するが、YXX/7J7の画期的な点はエンジンを後方胴体に取りつけるリアマウント形式にして、推進効率のきわめて高いプロップファンを使用することにあった。操縦室や飛行操縦などのシステムには、当然最新の先端技術を用いると

いう構想であった。

もちろん、エアバス・インダストリーやマクダネル・ダグラスも同じ市場に狙いを定めて、前者はA320を、後者はMD-94Xの開発を計画した。MD-94Xは、YXX/7J7と同様の、プロップファン機であった。ボーイングとダグラスはDC-9/MD-80と737という単通路機を製品として有していたが、エアバス・インダストリーはワイドボディのA300とA310しか製造しておらず、150席級の単通路機としてA320を製造するのであれば、まったくの新規設計機となって、これまでの製品の設計は、基本的に活用できない。そこでエアバス・インダストリーは、どうせすべてを一から設計・開発するのならば、可能なかぎりの最新技術を導入して、これまでにはない新世代の旅客機にすることを決めた。

その現れの1つが、旅客機として初めて、完全なコンピューター制御のフライ・バイ・ワイヤ飛行操縦装置を装備し、操縦桿をパイロットの正面ではなく側方に置くサイドスティック操縦桿を取り入れたことで

エアバスが完全な新設計機として開発したA320。グラス・コクピットやフライ・バイ・ワイヤ操縦装置など取り入れることのできる最新技術はすべて導入していた（写真：エアバス）

あった。また操縦室の計器盤には6基のカラー画面により計器や警報などの表示を行う、完全なグラス・コクピットを備えたのである。

これらの新技術は、当然開発には多額の経費を必要とし、大型機に比べて機体単価の安い単通路機向けであることを考えるとアンバランスであった。しかしエアバス・インダストリーは、A320用で開発した新技術は将来の大型機にも活用できるものであるから、過大投資ということではないと説明していた。実際に、そのあとに開発されたワイドボディのA330/340は、コクピットの設計はA320と基本的に同一で、また各種システム類も大型化とエンジンの数に対応したごくわずかな修正・変更ですませている。その後のA380や最新のA350XWBにも、A320の技術がかなり活用されているから、エアバス・インダストリーが説明していたとおりになった。

737という単通路旅客機を製品として有していたボーイングには、エアバスのように最新技術を盛り込んだ新型機（たとえば7J7）の開発と、既存設計機（737）に改良を加えるという2つの道があった。新型機を開発すれば、長期にわたって売り続けられる傑作ロングセラー機を生みだすことができるかもしれない。ただそれには多額の開発費の投入と失敗した場合のリスクがつきまとう。また新型機の開発には時間がかかるし、新技術を使えば機体価格が高くなる。もとになる単通路機がなかったエアバスにはそのような悩みはなく、ボーイングに対抗するには新型機を開発するのみだから、それに突き進むことしか道はなかった。

ボーイングが、新しさがあるものの多額の経費がかかるうえにリスクがあり、また時間を要する新型機の開発に代えて選んだ次善の策が、120〜130席級の737-200改良するというものであった。150席級にするために胴体を2.64m延長することに加えて、エンジンをこれまでの低バイパス比で燃費の悪いプラット＆ホイットニーJT8Dに替えて、新世代の高効率高バイパス比ターボファンである

CFMインターナショナルのCFM56を使用することにした。そしてそれ以外は、極力手を加えないことを基本とした。

CFM56は、ファン直径が1.52mでバイパス比6の高バイパス比ターボファンで、燃費率も大幅な低下を実現できるものであった。またA320の選択エンジンの1つにも指定されていたから、少なくとも搭載エンジンはA320と同世代にできる。

大きな問題はファン直径で、JT8Dの1.25mから27cm大きくなることだった。737は主翼下にエンジンを取りつけているが、機体をコンパクトにするため主脚を極力短くしていた。このためCFM56をそのまま取りつけると、ファンカウリングと地面の間に十分な間隔が得られなかった。もちろん主脚の設計変更などは737改良の趣旨に反するから論外であったため、ボーイングは取りつけ部をできるだけ上方にするともに前方に突きだす形にしてエンジンを持ち上げ、さらにファンカウリングの形状は下側が平らなおむすび形にした。

7J7に替えてボーイングが開発を行った次世代737の最初のタイプである737-300。これ以降今日に至るまでボーイングは、単通路機については737の新型化を繰り返している（写真：ボーイング）

これらが直径の大型化に対する最小の設計変更であり、737はその後も次世代型、そしてMAXへと発展したが、この部分については同様の設計変更が適用され続けている。

このほかにも、主翼の振動を抑えるための主翼端へのマスバランス（錘）の装備などが検討されたが、これも含めて大幅な設計変更は行わずに最初の737改良型が作られて、標準型で150席の737-300を中心に、胴体延長型の737-400と胴体短縮型の737-500でファミリーを構成した。

ボーイング767/777への日本企業の参画

737改良型でのボーイングの狙いは、メインのライバルとなるA320よりも早く開発を得て実用化に向かわせ、その時間的な優位さを活かして駿夫段階から受注を獲得していくことにあった。実際に両機種の作業の進み方は、次のとおりであった。

ローンチ

737-300は1981年3月26日、A320は1984年3月12日

初飛行

737-300は1984年3月24日、A320は1987年2月22日

就航開始

737-300は1984年12月7日、A320は1988年4月18日

なおローンチとは、機体計画に対して発注があってメーカーが正式に計画の開始を決定した日のことである。

このように737-300とA320の開発時期には3年程度の開きがあり、ボーイングは思惑どおりにこのリードを活かして、1980年代初めまでに受注で大きな差をつけることができて、その後のビジネスを展開しやすくした。YXX/7J7の新規開発に向かっていればそうはならなかったことは確実で、ボーイングの選択は、日本の航空機産業にとっては残念至極であったが、ボーイングにとっては正解であった。

ボーイングがYXX/7J7に進まなかったことで新規旅客機開発の機会を失った日本は、次のボーイングの大型旅客機で再度国際共同開発に向かうこととなったのである。

ボーイングは1986年に、767と747-400の中間の規模となる大型双発機について、767-Xの名称で研究に着手し、7J7が消滅した日本は早い段階からその計画の行方に関心をもっていた。そしてボーイングは、1989年春に日本に対してプログラムへの参加を提案してきた。日本の航空機機体メーカー各社は積極的に関心を示し、幾度も各分野で調査・研究を実施し、事業として十分に成り立つことや、航空機産業への波及効果も大きいなどの結論を得ていた。

ボーイング767への参画では、日本側の窓口は民間輸送機開発協会であったが、1982年12月に名称が日本航空機開発協会（JADC：Japan Aircraft Development Corporation）に変わったことで、767XはJADCが主管することとなった。またアメリカで1990年10月29日に767Xのローン

767に続いてボーイングとの共同開発機となったボーイング777。ボーイング747に迫る大型長距離機で、さらに大型・長距離化を行う777-8/-9の開発が進められていて、こちらでも日本は同等の作業シェアを確保している（写真：ボーイング）

チが決まって機種名がボーイング777になると、日本側の作業は完全にJADCに移管され、1991年5月20日にボーイングとJADCが開発／生産などの共同事業に関する基本事業契約（MPC：Master Program Contract）を締結した。

日本の企業会社は、生産作業全体の約21%を担当シェアとして受けもつことになり、これは767の約15%を上回るものであった。ただ担当部位は胴体の大部分、中央翼、翼胴フェアリング主翼桁間リブ、竜骨（キールビーム）といった金属素材部位がほとんどで、希望していた新素材である繊維強化プラスチック（FRP：Fiber Reinforced Plastics）を使うコンポーネントなどは外されていた。

ボーイング777の概要と各タイプ

ボーイング777は、ボーイング最初のフライ・バイ・ワイヤ飛行操縦装置を使った旅客機だったが、操縦操作装置は従来どおりの操縦輪で、エアバスA320などのようなサイドスティックにはしていない。これについてボーイングは、パイロットがこれまで慣れ親しんできたものを維持したと説明した。

操縦席は、747-400で初導入したカラーの画面表示式計器6基による完全なグラス・コクピットを受け継ぎ、またエンジンはジェネラル・エレクトリック、プラット＆ホイットニー、ロールスロイスの3社のものから選択できるようにされた（のちに開発された長距離型ではジェネラル・エレクトリックのGE90だけに固定され

ている）。

777の初号機は、1994年6月12日に初飛行し、1995年6月7日に就航を開始した。日本で話題となったことの1つが、当時の日本の大手航空会社3社（日本航空、全日本空輸、日本エアシステム）がそろって導入したことで、初めての事態であった。777は当初からファミリー化の計画があって、次の各タイプが作られた。

777-200

777-200の最初の生産型で、当初はAマーケット型と呼ばれていた。初号機の初飛行は前記したように1994年6月12日。3クラス編成の標準客席数は305席で、初期の生産型は最大離陸重量が233,522kgで7,380kmの航続距離性能だったが、のちに重量を233,604kgに増加して航続距離を9,529kmに延ばしたタイプも作られた。

ボーイングの最新旅客機である787。日本は主翼をはじめとしてCFRP製の機体構造部位の製造を受けもつことになり、その作業シェアは約35％と、過去のボーイングとの事業で最高の比率となった（写真：青木謙知）

777-200ER

　Bマーケット型と呼ばれたタイプで、Aマーケット型の燃料搭載量を増やして、航続距離を延伸したタイプ。初号機は1996年10月7日に初飛行した。767-200ERでは段階的に重量が引き上げられてそれにつれて航続距離も長くなり、もっとも重い297,562kg型では14,260海里（14,260km）の航続力がある。3クラス編成での標準客席数は301席。

777-200LR

　777-200ERの重量をさらに増加して347,458kgとし、床下に最大で3個の燃料タンクを積載することで航続距離を9,380海里（17,372km）に延ばしたタイプだ。エンジンの選択制は廃止されて、GE90-110B1だけが装備されている。主翼端の形状も変更され、レイクド・ウイングチップと呼ぶ傾斜延長翼端になっているのが特徴

である。標準客席数は777-200ERと同じで、初号機は2005年3月8日に初飛行した。

777-300

　胴体を延長したことで、3クラス編成での標準客席数が368席となったタイプで、最大離陸重量は299,376kgで、6,123海里（11,340km）の航続距離性能を有した。初号機は1994年6月12日に初飛行した。胴体が長いため、離着陸時に尾部を接触しないようにするテイルスキッドや、地上走行中に機外の状況を映しだしてタキシング操縦を支援するカメラがつけられた。

777-300ER

　777-300に777-200LRの特徴を採り入れたタイプで、初号機は2003年2月24日に初飛行した。最大離陸重量は777-200LRよりも重い351,540kgで、7,930海里（14,686km）の航続距

離性能を有している。3クラス編成の標準客席数は、標準型777-300よりもわずかに少ない365席である。

　ボーイングはさらなる発展型として777-Xの開発に進んでおり、これについては後記する。

ボーイング787への日本企業の参画

　ボーイングは777に続く新開発旅客機について、大型機や高速機などのコンセプトを検討したが、2002年1月に、効率性（経済性）を追求するものにすることを決めて、7E7と名づけた計画を示した。7に挟まれた「E」はEfficiency（効率性）を意味し、従来の同級機よりも効率を20％高めることを目標にした。そしてその達成のために（のちに約50％に決定）、機

三菱重工業のボーイング787の主翼製造用オートクレーブ。長い主翼部材の全体が収まることで、世界最長のオートクレーブとなっている（写真：青木謙知）

体構造の約50％に、軽量で強度のある複合材料を多用し、最新の空気力学設計を採り入れ、新世代の高効率エンジンを使用することとした。

7E7は2004年4月26日に開発作業が正式にスタートし、2009年12月15日に初飛行した。2005年1月25日には、中国からの要望もあって、機体名称が787に変更された。また7E7当時の2003年6月には、公募により「ドリームライナー」の愛称がつけられて、787にも受け継がれている。

この787にも日本は国際共同事業としてJADCを窓口にして参画し、主翼ボックス、前部胴体の後半部、主翼中央ボックスと主脚収納部などを受けもって作業シェアは過去最高の約35％となった。また787の機体フレームは約50％が炭素繊維複合材料（CFRP：Carbon Fiber Reinforced Plastics）製であるので、日本の製造担当部分もほとんどがCFRP製となっている。

ちなみに、CFRP部材の一般的な製造方法は、樹脂を含ませた炭素繊維素材を成型し、オートクレーブと呼ぶ機械で高温・高圧で固めるとい

うものだ。そして787は胴体や主翼をそれぞれ一体で作り上げているため、それを受けもった日本の企業には世界でいちばん長い（三菱重工業）と世界でいちばん直径の大きい（川崎重工業）オートクレーブがある。

ボーイング787が実用就航を開始したのは2011年10月26日で、運航開始初期にはリチウム-イオン・バッテリーに基因する不具合で一時的な運航停止措置が取られるなどしたが、その後は大きな問題なしに運航が続けられている。

基本型が、標準的な国際線仕様で220席級となる787-8で、その胴体を6.10m延長して国際線2クラス編成で220席を標準仕様にした787-9、その胴体をさらに5.47m延長して2クラス編成の標準客席数を330席にした787-10も作られている。これらの派生型でも、日本企業の製造分担部位は変わっていない。

777-X開発計画と日本企業の参画

ボーイングは2013年に、777を大

型化するとともに航続距離を延伸する発展型777-Xの開発を決定した。標準客席数384席で航続距離8,930海里（16,170km）の基本型と、その胴体延長型で客席数426席、航続距離7,285海里（13,500km）の2タイプが計画されて、今日では前者が777-8、後者が777-9と呼ばれている。先に飛行したのは777-9で、2020年1月25日に初飛行した。2023年春の時点で、2025年の就航開始を目指して飛行試験が行われている。

日本の航空産業はこの777-8/-9にもまた共同開発パートナーとして参画しているが、担当部位は先の777とほぼ同じで、作業シェアも約21％と変わらない。複合材料部位の担当がほとんどないことも、前の777と同様である。

このように日本の航空機産業は、旅客機事業についていえば、ボーイング767以降はボーイングとの国際共同作業を軸に進んできていた。三菱SpaceJetがその流れから外れて、ボーイングとの関係は保ちつつ、新しい道を作るのではないかと期待されたのだが、そうはならなかった。

国産ジェット旅客機計画からMRJまでの道のり

（写真：アメリカ空軍）

Section Ⅱ
国産ジェット旅客機計画からMRJまでの道のり

戦前の国産旅客機の歴史、戦後の航空活動の禁止とそこからの復活、そして戦後の
三菱重工業によるオリジナル民間機から地域ジェット旅客機MRJ誕生までの流れを振り返る。

Ⅱ-1　戦前の三菱旅客機

軽旅客機「ひなづる」

太平洋戦争を挟んだ戦前と戦後と

もに、日本最大の航空機製造企業が三菱重工業であることは、多くの人が認めるところだ。なかでも、1939

年4月に初飛行し、1940年7月に大日本帝国海軍で就役した零式艦上戦闘機（通称ゼロ戦）はほとんどの日本

日本航空輸送の天然色絵はがきに収められた「ひなづる」。左主翼前でエアガールがポーズをとっているが、「ひなづる」にエアガールが乗り組んだ記録はない（写真：日本航空輸送）

「ひなづる」のもととなった乗客6人乗りの双発機エアスピードAS.6エンボイ。写真はAS.6EエンボイⅢ（写真：BAEシステムズ）

人が、少なくともその名くらいは知っているだろうし、間違いなく外国でもっとも知られている日本製航空機である。

　この零式艦上戦闘機に代表されるように、三菱重工業が開発した航空機には軍用機（戦後の自衛隊向けも含む）が圧倒的に多く、航空自衛隊の戦闘機はすべて三菱重工業が主契約者になって製造・引き渡しを行っている。こうしたことから三菱重工業と旅客機は縁遠く見えるのだが、それは間違いなく正しい。三菱重工業が太平洋戦争前および戦中に開発し製造した航空機は34機種におよぶが、民間機はライセンス生産の1機

種を含めてわずかに5機種で、製造機種の約85％が軍用機であった。1930年代後半には金属製単葉の近代的な航空機の開発を行う技術力を有した三菱重工業が、戦前・戦中に戦闘機や攻撃機といった軍用機の開発・製造に集中したのは当然のことで、これはアメリカなどの欧米列強も同様であった。

　三菱重工業が初めて手がけた旅客機が「ひなづる」軽旅客機である。「ひなづる」は、イギリスのエアスピード社が開発し1934年6月26日に初飛行したレシプロ双発単葉の乗客6人乗り旅客機、AS.6エンボイをライセンス生産したものだ。この木製

合板羽布張り構造の機体を、三菱重工業はまず1935年に2機を輸入し、そののちにライセンス生産権を取得して1936年から1938年の間に11機を製造した。最初の2機のうち1機は日本航空輸送で評価運航され、もう1機は海軍で試用された。三菱重工業で最初に作られた機体には瓦斯電神風エンジンが搭載されたが、そのあとのものにはウーズレイ・アリエスMkⅢかアームストロングシドレー・リンクスが装備された。ちなみに神風の134kWという最大出力は、イギリス製の150〜180kWよりも小さく、「ひなづる」はアンダーパワーではあった。一方で三菱重工業製の機体

三菱重工業が最初に手がけた旅客機であるMC-1。複葉で、乗客4人乗りの単発機であった（写真：三菱重工業）

には、主翼にフラップが追加されていた。

三菱重工業での製造機も日本航空輸送で使用されている。同社は1937年に機内サービス向上のために女性のエアガール、今日の客室乗務員をDC-2に搭乗させているが、「ひなづる」には乗り組んでいない。

AS.6Jシリーズ III

全幅　15.95m
全長　10.52m
全高　2.90m
主翼面積 31.5m²
空虚重量　1,840kg
総重量　2,858kg
エンジン　アームストロングシドレー・チーターIX（257kW）×2
最大速度　180ノット（333km/h）
巡航速度　167ノット（309km/h）
実用上昇限度　6,900m
航続距離　560海里（1,037km）

最初の独自開発旅客機 MC-1

三菱重工業最初の独自開発旅客機となったのがMC-1で、1927年に遞信省航空局が民間航空発展計画で応募を求めた旅客機設計で採用された

ものである。この計画では川崎航空機もKDC-2と名づけた機体案を提示して、開発助成金を獲得している。どちらの機種も完全な新設計機ではなく、KDC-2は八八式偵察機（1927年初飛行）の胴体を大幅に改設計して4人乗りの客席を設けたものであり、MC-1も一三式艦上攻撃機（1923年初飛行）をベースに、4人乗りのキャビンを備えるよう改修したものであった。

エンジンは、イスパノスイザ水冷V12またはネイピア・ライオン（ともに336kW）から星形空冷のアームストロング・ジャギュア（287kW）に変更された。支柱つきの複葉の主翼や固定式の降着装置などは、一三式艦上攻撃機を受け継いでいる。

試作機は1928年4月に完成して初飛行し、審査を受けたが、同様の外国製航空機にはおよばないと判定されて、量産には至らなかった。ただ試作機は、1938年6月から1929年4月にかけて、朝日新聞社により東京〜大阪間の新聞空輸に使用され、また日本航空輸送は1930年に朝鮮半島と本州を結ぶ空路を運航し、その後は水上機に改修して1938年まで本州北部の沿岸の航空観光に使用した。

MC-1陸上型

全幅　14.75m
全長　10.48m
全高　3.80m
主翼面積　59.5m²
空虚重量　1,550kg
総重量　2,600kg
エンジン　アームストロングシドレー・ジャギュア（287kW）×1
最大速度　103ノット（191km/h）
航続時間　6時間

輸送機 MC-20

太平洋戦争前の1930年代後半になると日本には、ドイツからユンカースJu38やハインケルHe116、アメリカからダグラスDC-2/-3、ロッキードL-14Gスーパーエレクトラといった民間輸送機が輸入され、アメリカの対日戦闘戦直前の1939年10月には、乗客42〜52人乗りという当時としては巨大旅客機であったダグラスDC-4Eも到着した。DC-4Eの輸入は、大日本航空が使用するとの名目で行われたものだが、実際には海軍の要望によるもので、大型輸送機を評価するのが目的であった。しかし大型機であるがゆえに技術的にかなり複雑で、また全体的に性能不足との評

近代的な双発旅客として中島航空機が開発したAT-2（写真：中島航空機）

大型輸送機としての評価用に輸入されたダグラスDC-4E。技術的な複雑さや期待外れの性能など、評価は散々であった（写真：ダグラス）

瓦斯電が開発した乗客4～6人乗りの双発機TR-1（写真：瓦斯電）

価しか得られなかった。DC-4Eに対する低評価はアメリカでも同様で、生産には至らなかった。

　また日本では、DC-4Eの設計を参考に、中島航空機に4発の一三試大型陸上攻撃機「深山」を設計させたが、1941年4月に初飛行したものの重量の超過と整備の悪さはDC-4Eと同様で、6機しか生産されないという完全な失敗作に終わっている。

　欧米からの旅客機輸入と並行して

日本でも、金属製単葉の近代的な旅客機がいくつか作られた。その最初のものが1936年9月12日に初飛行した中島AT-2で乗客8～10人乗りの、寿2型星形レシプロ・エンジン双発機であった。また瓦斯電も、1938年4月8日に星形ピストン・エンジン双発のTR-1を初飛行させ、こちらは4～6人の乗客を乗せて250km/hで巡航飛行できるという高速性能をうたい文句にしていた。

TR-1は日本航空輸送のエンボイの後継機を目指していたが採用はされず、試作のみに終わった。1940年には台湾軍向けの改良型TR-2も作られたが、こちらも作られたのは12機だけであった。中島AT-2にしても製造機数は34機と、成功作とはいえるものではなかった。そうしたなかで500機を超える量産が行われたのが、三菱MC-20である。

　MC-20は中島AT-2に代わる新型

TR-1を台湾軍向けに改良した瓦斯電TR-2（写真：瓦斯電）

三菱重工業最初の近代的な設計による双発旅客機のMC-20。標準的な仕様で乗客11人を乗せることができた（写真：三菱重工業）

輸送機の開発を命じられた三菱重工業が、九七式重爆撃機の胴体部を旅客機用に設計し直して製作したキ-57一〇〇式輸送機（1940年初飛行）をベースにしたもので、キ-57の民間名称がMC-20である。全金属製の低翼単葉機で、尾輪式降着装置を備えて、主脚は引き込み式であった。最初の生産型が中島ハ5改星形レシプロ・エンジン（708kW）双発のキ-57-1で、続いてエンジンを三菱ハ102（805kW）に変更し、主翼や貨物室などの構造強化を行ったキ-57-Ⅱが作られた。キ-57-ⅠはMC-20-Ⅰ、キ-57-ⅡはMC-20-Ⅱと呼ばれる。

MC-20と一〇〇式輸送機はⅠ型が101機、Ⅱ型が406機の合計507機が製造された。また終戦直前の1945年1月には製造が日本国際工業に移管されたが、移管後の製造機数は不明である。

MC-20は大日本航空、満州航空、中華航空などの航空会社で使用されたほか、朝日新聞、読売新聞、大阪毎日新聞といった新聞社で使われ、また戦後には医療支援の緑十字飛行にも用いられた。朝日新聞が使用した「朝雲」号は、広い機内を活かして原稿執筆用の机や写真現像用の暗室、通信器材を備えていて、「空飛ぶ編集室」とも呼ばれた。

九七式重爆撃機から武装などを取り外して輸送機としたのがMC-21で、陸軍から大日本航空に払い下げられている。用途は貨物輸送だったが、乗客8人を収容できるようにしたものもあったという。

MC-20-I

全幅　22.60m

全長　16.10m

全高　4.90m

主翼面積　70.1m²

空虚重量　5,522kg

総重量　8,437kg

戦後に日本国内で撮影された、機体の一部に損傷を負ったキ-57Ⅱ（写真：Wikimedia Commons）

民間長距離機三菱「ニッポン」号の同型機である「そよかぜ」号。両機ともに諸外国への親善訪問などに使用された（写真：三菱重工業）

エンジン　中島ハ5改（708kW）×2
最大速度　232ノット（430km/h）
巡航速度　173ノット（320km/h）
実用上昇限度　7,000m
正規航続距離　810海里（1,500km）

三菱双発輸送機

　旅客機ではないが、戦前に三菱重工業は、「ニッポン」号と「そよかぜ」号と名づけた同型機2機の民間輸送機を製作している。1935年7月に初飛行したG3M九六式陸上攻撃機から武装や軍用同備品を外して輸送機とした三菱双発輸送機をベースにしたもので、三菱双発輸送機は大日本航空や新聞社で使用された。九六式

陸上攻撃機は長距離飛行能力に重きを置いて開発された機種で、幅の広い高アスペクト比取得を備え、また徹底した低抵抗設計が採られて、改良型の三二型では6,200kmを超す航続力を有した。

　その能力を受け継いだ「ニッポン」号は、1939年8月28日に羽田空港を出発して東回りの太平洋〜北アメリカ大陸〜南アメリカ大陸〜大西洋〜アフリカ大陸〜ユーラシア大陸のコースを飛行して10月20日に帰国し、世界一周飛行を成功させた。また「そよかぜ」号は、1939年4月9日に、イラン国王王子の成婚の奉祝として、皇室からの祝賀品や政府代表を乗せて東京からテヘランに飛行

し、あわせて東京〜テヘラン〜ローマ〜ベルリンという空のシルクロード開拓を行った。

三菱双発輸送機

全幅　25.0m
全長　16.5m
全高　4.5m
主翼面積　75.0m²
総重量　9,200kg
エンジン　三菱 金星（671kW）×2
最大速度　184ノット（340km/h）
巡航速度　151ノット（280km/h）
実用上昇限度　8,000m
航続距離　1,620海里（3,500km）

戦後の日本で初めて生産されたジェット機であるロッキードT-33Aシューティングスター。製造担当企業は川崎航空機であった（写真：防衛庁）

Ⅱ-2　ジェット機の製造

ジェット練習機T-33A

Section Ⅰで記したように、1945年8月に太平洋戦争での敗戦が決まると、日本は連合国の占領下に置かれて、連合軍最高司令官総司令部が統治することとなり、あらゆる航空活動が禁止されて、航空機産業も解体された。しかし終戦から5年が経つと、朝鮮半島に2つの国家が樹立されて、その両国による戦争が勃発した。この朝鮮戦争は北側を支えるソ連（のちに中国も加わる）と、自由主義陣営の国連軍（アメリカ、カナダ、イギリス、オーストラリア、フィリピンなど15カ国）の戦いとなって、史上初のジェット戦闘機同士の空中戦も起きるなど、熾烈な航空戦が展開されることとなった。そして国連軍の航空機は、地理的な条件もあって日本国内の基地を多数使用し、修理や整備もそこで行うこととなった。

こうした作業は、航空機に関する知識や技術のある日本の旧航空機メーカーなどに依頼されることとなって、戦後の航空機産業復活の足がかりになったのである。

さらに1954年7月1日に防衛庁（現防衛省）が設置されて陸・海・空3自衛隊が編成されると、一部の使用機のライセンス生産が承認されて、本格的な航空機の生産活動が復活することとなった。旅客機から離れてしまうが、初期の主要なライセンス生産機（固定翼のみ）について、簡単に記しておく。

第二次世界大戦末期には、ドイツとイギリスでジェット戦闘機が実用化されて、戦後の航空機は急速にジェット化が進んだ。日本でも戦争末期に中島飛行機がネ20ターボジェットエンジンを動力とした橘花を開発して終戦直前の1945年8月7日に初飛行させたが、完成したのは2機だけで、当然のことながら実用化

はされなかった。そして戦後の空白期を経て、日本でもジェット機が生産されることになった。先進諸国の軍ではジェット戦闘機の配備が進んでいて、新たに発足する航空自衛隊もその流れに沿うこととなり、まずパイロットを養成する練習機として、1955年1月に、アメリカからロッキードT-33Aシューティングスターの供与を受けた。T-33Aは、アメリカ最初の制式ジェット戦闘機であるP-80を複座化したもので、P-80に改良を加えたP-80Cをもとにして作られた訓練型TF-80Cが1948年3月22日に初飛行し、のちにT-33Aに名称が変更されたものだ。

日本では供与機に続いて川崎航空機でライセンス生産を行うこととなり、1955年10月に作業に着手し、1956年1月21日に川崎航空機の各務原工場で初飛行した。当初は輸入コンポーネントの組み立て作業（いわゆるノックダウン生産生産）の予定

公園に展示されていたT-33A。垂直尾翼には、第203飛行隊のマークが描かれている。防衛庁では、「若鷹」のニックネームを付与した（写真：Wikimedia Commons）

だったが、すぐに国産化比率を上げて完全なライセンス生産に移行し、1959年3月25日までに210機を防衛庁に納入した。航空自衛隊では戦闘機パイロットの養成訓練に使われたほか、各種の用務連絡などにも用いられて、戦闘機部隊や司令部飛行隊など、多くの飛行隊に配備された。両主翼端に大型の増槽があって、ほとんどの場合常備していたが、空中で投棄することも可能であった。2000年6月に、航空自衛隊から完全退役した。

T-33A

全幅　11.85m（増槽含む）
全長　11.48m
全高　3.55m
主翼面積　21.8m²
運用自重　3,180kg
最大離陸重量　6,970kg
エンジン　アリソン J33-A-35（20.5kN）×1

最大速度　M=0.8
巡航速度　M=0.65
実用上昇限度　14,480m 海面上昇率 1,660m/min
航続距離（増槽使用）1,100海里（2,037km）

ジェット戦闘機 F-86F セイバー

　航空自衛隊最初の戦闘機となったのがノースアメリカン F-86F セイバーで、もちろん日本最初のジェット戦闘機である。1947年10月1日に原型機 XP-86 が初飛行したこの戦闘機は、アメリカ陸軍が強く求めた高速飛行能力を実現するために、主翼に35度の後退角をもたせていた。さらにエンジンのパワーアップも続けられて、F-86F のジェネラル・エレクトリック J47-GE-27 では26.3kNになり、クリーン形態ではマッハ0.95の最大速度性能を得た。またアメリカ

では、運用初期の段階から急降下での超音速飛行が行われていて、航空自衛隊でも音速を突破したパイロットが何名かでている。

　F-86F は、1955年にアメリカから54機の供与を受けることが決まり、さらに6月3日には F-86F を日本国内でライセンス生産する協定が日米政府間で調印された。ライセンス生産の担当企業は、戦時中に戦闘機の製造経験が豊富だった、三菱重工業になった。供与機の最初の7機は12月1日に航空自衛隊に引き渡されている。また国内で製造した初号機も1956年8月9日に三菱重工業小牧南工場で初飛行して、9月20日に防衛庁に納入された。

　F-86F のアメリカからの供与機数は最終的に180機に達したがそのうち45機は使用せずに返却されている。また三菱重工業でのライセンス生産機は300機で、航空自衛隊はこれらで訓練部隊と10個の戦闘機飛行

航空自衛隊最初のジェット戦闘機であるノースアメリカンF-86Fセイバー。防衛庁がつけた愛称は「旭光」で、三菱重工業がライセンス生産を行った。以後今日まで航空自衛隊の戦闘機製造は三菱重工業が一手に担っている（写真：航空自衛隊）

F-86Fは航空自衛隊の「ブルーインパルス」の初代使用機でもあった。写真は横田基地の航空祭に際して隊列を組んでタキシングする「ブルーインパルス」（写真：アメリカ空軍）

隊を編成した。また一部の機体は、戦技研究班「ブルーインパルス」で使用され、18機は機首部位の機関銃を外して偵察カメラを内蔵した偵察型RF-86Fに改造された。F-86Fの航空自衛隊からの完全退役は、1982年3月15日であった。

F-86F

全幅　12.21m

全長　11.44m

全高　4.49m

主翼面積　29.1m²

運用自重　5,050kg

最大離陸重量　9,100kg

エンジン　ジェネラル・エレクトリック J47-GE-27（26.3kN）×1

最大速度　M=0.95

戦闘速度

　　520〜585ノット（963〜1,083km/h）

戦闘上昇限度　14,300m

海面上昇率　1,830m/min

フェリー航続距離

　　1,300海里（2,408km）

固定武装　M3 12.7mm機関銃×6挺

航空自衛隊の戦闘機にマッハ2の時代をもたらしたロッキードF-104Jスターファイター。この機種の導入で日本の防空能力は一気に向上した。防衛庁の愛称は「栄光」（写真：航空自衛隊）

ジェット戦闘機
F-104スターファイター

航空自衛隊に超音速の時代をもたらしたのが、1959年11月5日に採用が決まったロッキードF-104スターファイターである。小型で簡素、高速性に優れかつ高い運動性をもつ戦闘機を主眼にロッキードが設計したもので、この機体案の提示を受けたアメリカ空軍は1953年3月に試作機の製造契約を与えた。細長い胴体に小さな主翼を組み合わせて、胴体の先端部にレーダー、その後ろにコクピットをつけるという斬新な機体構成で、「最後の有人戦闘機」というキャッチフレーズもつけられた。

F-104の試作機であるXF-104は1954年3月4日に初飛行し、エンジンをJ79アフターバーナーつきターボジェットにするとともに、空気取り入れ口に固定式のマッハコーンをつけるなどしたYF-104Aが1956年2月17日に初飛行して、このタイプが量産型の基本になった。

航空自衛隊が導入したF-104Jは、アメリカ以外の北大西洋条約機構

（NATO：North Atlantic Treaty Organization）向けの戦闘爆撃機型F-104Gがベースで、航空自衛隊には不要な爆撃機能を取り外して全天候要撃戦闘機にしたものだ。一方で要撃能力を高めるために、ナサールF15Jレーダー火器管制システムを搭載して、それにMH-97J自動操縦装置を組み合わせたことで要撃行動の自動化が行われている。また航空自衛隊の地上の警戒管制レーダー組織にバッジ（BADGE：Base Air Defense Ground Environment）システムが導入されると、それと連動するデータリンク通信システムを備えて、要撃機能をさらに強化している。

F-104は、エンジンを包むように設計した細身で、またレーダーを収めた機首先端部を円錐形に尖らせた、ロケットのような胴体を使い、それに小さな主翼と、垂直安定板頂部付近に水平安定板を取りつけたT字尾翼で機体が構成されている。これに、強力なジェネラル・エレクトリックJ79アフターバーナーつきジェットエンジンを組み合わせたことで、マッハ2の高速性能と優れた加速・

上昇力を実現した。

たとえば、マッハ0.9で飛行していてアフターバーナーに点火して加速すると、マッハ1.4までならば2分、マッハ2にも3.5分で到達できた。また、アフターバーナーを使ってマッハ0.9の速度で上昇した場合は、1.3分で高度約10,700mに達した。またさらには、この高度約10,700mからさらにアフターバーナーを使って上昇を続ける、ズーム上昇という能力を有していて、マッハ1.8に加速すると高度16,800mまで2.75分で上昇できた。従って通常の上昇とズーム上昇を連続して行うと、離陸から4分あまりで高度16,800mに達することができたのである。こうした能力は、当時の戦闘機のなかでは突出したものであった。

日本ではこのF-104を三菱重工業でライセンス生産し、航空自衛隊は単座型のF-104Jを210機、複座型のF-104DJを20機導入した。F-104Jのライセンス生産初号機は、1962年3月8日に初飛行して、4月1日に防衛庁に納入された。F-104J/DJでは7個の戦闘機飛行隊が編成されて、

左主翼下にA/A37U-15ダート標的を搭載して離陸した、第2航空団第203飛行隊所属のF-104J（写真：アメリカ空軍）

1986年3月19日に運用を終了したが、その後14機が無人標的機QF-104Jに改造されて、1992年3月から1997年1月まで運用された。

F-104J

全幅　6.68m
全長　7.75m
全高　4.11m
主翼面積　18.2m²
運用自重　4,900kg
最大離陸重量　11,900kg
エンジン　ジェネラル・エレクトリックJ79-IHI-11A（ドライ時44.1kN、アフターバーナー時70.6kN）×1
最大速度　M=2.0
戦闘速度　M=1.2〜1.5
巡航速度　M=0.90〜0.97
実用上昇限度　18,000m
海面上昇率　15,200m/min
フェリー航続距離
　1,700海里（3,148km）
固定武装　M61A1 20mm6砲身ガトリング砲×1

大型対潜哨戒機 P2V-7 ネプチューン

ジェット機以外の初期のライセンス生産機で、日本の航空機産業に貴重な経験をもたらしたのが、海上自衛隊向けの大型対潜哨戒機である、ロッキードP2V-7ネプチューンであった。ロッキードは1941年に陸上発進哨戒機モデル26の開発契約を得ていたが、太平洋戦争の勃発で作業の実施が延期され、1944年春になってアメリカ海軍が発注を行ったことで試作機XP2V-1の製造が始められて、1945年5月17日に初飛行した。以後、搭載電子機器の強化などを経て1954年4月26日に最終生産型となったP2V-7が初飛行した。このタイプでは、初めから主翼下に補助ジェットエンジンが装備され、操縦席風防が張りだし型になるなどの外形上の変更も行われた。

日本に対しては、海上自衛隊向けの対潜哨戒機として、1956年1月から1958年7月にかけて16機のP2V-7が供与され、これらはすべて新規製造機であった。1959年から輪川崎重工業によりライセンス生産が行われて、1965年までに48機を製造して防衛庁に引き渡した。ちなみに国産初号機の初飛行は1959年9月12日で、6日後の18日に初納入が行われている。海上自衛隊の対潜作戦機としての退役は、1980年2月1日であった（可変特性調査機は1982年12月まで運用された）。

P2V-7

全幅　30.89m
全長　27.94m
全高　8.94m
主翼面積　92.9m²
基本重量　22,549kg
最大離陸重量　36,290kg
主エンジン　ライトR-3350-32WA 2,796kW）×2
補助エンジン　ウェスティングハウスJ34-WE-36（15.1kN）×2
最大速度　343ノット（635km/h）
最大巡航速度　250ノット（463km/h）
実用上昇限度　6,096m
海面上昇率　770m/min
最大燃料航続距離
　4,000海里（7,408km）

川崎重工業がライセンス生産した、レシプロ双発の大型対哨戒機のロッキードP2V-7ネプチューン。防衛庁の独自愛称は「おおわし」（写真：海上自衛隊）

エンジンのターボプロップ化など、P2V-7に多くの独自改良を加えて大幅な能力向上を実現した川崎P-2J。独自愛称はP2V-7の「おおわし」のまま（写真：Wikimedia Commons）

　P2V-7をベースに、川崎重工業が開発した日本独自の改良型がP-2Jで、次の改良が加えられた。

(1) エンジンのターボプロップ化
(2) 補助ジェットエンジンを国産のものに変更
(3) プロペラを4枚ブレードから3枚ブレードに変更
(4) 胴体の延長（電子機器スペースと休息区画の追加）
(5) 捜索レーダーのAN/APS-20からAN/APS-80への変更
(6) 主脚柱の取りつけ位置の変更
(7) 主輪を単車輪から二重車輪に変更
(8) 方向舵の延長
(9) フラップとエンジン・ナセルを分離
(10) 機体重量の軽減
(11) 冷房装置と冷蔵庫の装備
(12) 操縦席後部の床面の30cm低下
(13) 燃料タンクをブラダー型にして容量のわずかな増加

　P2V-7を改造して作られたP-2Jの試作機は1966年7月21日に初飛行して、量産型も1969年8月8日に初飛行した。部隊配備の開始は1971年2月で、標的曳航型や電子情報収集型、可変飛行特性調査型などの派生型も作られたが1991年12月までに全機が退役した。

P-2J

全幅　30.89m
全長　29.26m
全高　8.94m
主翼面積　92.9m²
空虚重量　24,000kg
最大離陸重量　34,000kg
主エンジン　ジェネラル・エレクトリック T64-IHI-10E（2,210kW）×2
補助エンジン　石川島播磨 J3-IHI-7C（13.7kN）×2
最大速度　300ノット（556km/h）
巡航速度　200ノット（370km/h）
実用上昇限度　12,802m
海面上昇率　649m/min
航続距離　1,600海里（2,96km）

1963年9月14日に初飛行した
MU-2の初号機（MU-2A）。チュル
ボメカ・アスタズーⅡKを装備し
ていた（写真：三菱重工業）

Ⅱ-3　ビジネス機への挑戦

ターボプロップ・ビジネス機MU-2

　YS-11で、全体組み立ても含む50%以上の製造シェアを分担して、また航空自衛隊向けジェット戦闘機のライセンス生産などで航空機製造復活の実績を積み重ねてきた三菱重工業だが、1959年ごろには独自に開発する民間ジェットプロップ・ビジネス機（いわゆるターボプロップ・ビジネス機）に関する研究を行って、次の結論を得ていた。

1. 技術的、経済的に背伸びせず着実な設計とする
2. 他社の競合機種のないカテゴリーを狙い、さらに小改造を施すだけで多方面の用途に使用できるようにする
3. 海外、特に欧米への輸出を可能にするため、同クラスの欧米機と比べても遜色のない性能と独創性を盛り込む
4. 良好な短距離離着陸（STOL：Short Take-Off and Landing）性能をもたせる
5. 高性能でありながら低価格の機体とする

　こうしたコンセプトで開発が着手されて、1961年に基本設計を完了し、モックアップが製作された。設計案には単発低翼機、単発双胴機、カナード翼型単発機、リアエンジン双発機など多くのバリエーションがあったが、最終的には、主翼にエンジンを取りつける高翼双発機というオーソドックスなものとなった。

　また優れたSTOL性能を確保するために、主翼にはほぼ全翼幅にわたる二重隙間式フラップを備えることになった。加えて航続距離を長くするために、主翼端には、固定式増槽が装着された。胴体は完全与圧式キャビンを備えて4〜12席の客席を設けられ、胴体延長型では2〜4席を増加できた。

　操縦装置では、ロール操縦用の補助翼はなく、主翼のスポイラーでロール操縦を行う方式を採っている。この方式には、主翼後縁のほとんどをフラップにあてられるメリットがあり、その後の超音速練習機／支援戦闘機のT-2/F-1にも受け継がれ、さらにはビジネスジェット機のMU-300でも使用された。

　MU-2の機体は、基本的には金属製だが、二次構造部などの一部には重量軽減のためにガラス繊維強化プラスチック（GFRP：Glass-Fiber-Reinforced Plastics ＝ グラスファイバー）が使用されている。またアルミ合金の加工には、化学薬品で溶解するケミカル・ミリング方式を使用した。この加工方式は高精度でまた曲がりくねった加工なども簡単にでき、しかも低コストという利点があり、MU-2ではこれに圧縮成型（特殊板曲げ加工）方式を併用して、水平尾翼や垂直尾翼の桁を、組み立て治具や別途作業なしで完成させるという工法が採られた。

　MU-2の初号機は1963年9月14日に初飛行し、エンジンにはフランスのチュルボメカ社製アスタズーⅡK（419kW）を装備していた。このMU-2Aは1965年2月8日に運輸省航空局の型式証明を取得したが、アスタズー・エンジンは複雑で扱いにくいという問題があり、それ以上に、大きな市場が見込まれるアメリカでの販売にはアメリカ製エンジンが有利とされて、エンジンをエアリサーチ（現アライドシグナル）TPE331-25A（451kW）に変更したMU-2Bが作られることになった。MU-2Bの初号機は1965年3月11日に初飛行し、同年

三菱重工業飛島工場で保存されているMU-2B。エンジンをギャレットTPE331に変更し、最初の量産型となったタイプである（写真：青木謙知）

9月15日に航空局の型式証明を取得した。またMU-2Aは、エンジンに関連したトラブルが多かったため、量産はMU-2Bについてのみ行うことが決められた。

エンジンの変更や、飛行試験の結果などからMU-2Bに盛り込まれたMU-2Aからの変更点は、次のとおりである。

1. プロペラのラティエ製からハーツェル製への変更
2. エンジンの搭載方式をポッド式から主翼への直接取りつけに変更
3. 2に関連して主翼前縁に切り欠きを設けてエンジン・ギアボックスを収めた
4. エンジン周囲外板にステンレス鋼を多用して防火性を向上
5. 翼幅の1m拡大（機体重量増加のため）
6. 主翼前縁にドループ（垂れ下がり）を追加（低速飛行時の安定性増強のため）

7. 翼端タンクを前下がりに
8. 主翼取りつけ角を0度から2度に増加するとともに、水平尾翼取りつけ角も変更

また量産機の38号機以降は主翼内タンクが構造を活用したインテグラル・タンクに変更され、このタイプ（MU-2B-10）はMU-2Dと呼ばれることになった。なお、MU-2Cは陸上自衛隊向け機の社内呼称である。

MU-2の各タイプ

MU-2では、次の各タイプが製造された。

XMU-2
アスタズー・エンジン装備の試作機で、1機のみを製造。

MU-2A
アスタズー・エンジン装備の開発機で、3機を製造。

MU-2B
ギャレット・エンジン装備の最初の量産型。

MU-2C
LR-1参照。

MU-2D（MU-2B-10）
MU-2Bの性能向上型で、主翼内にインテグラル・タンクを装備。

MU-2DP（MU-2B-15）
MU-2Dのパワーアップ型。

MU-2E
MU-2Sの社内呼称（MU-2S参照）。

MU-2F（MU-2B-20）
MU-2DPの各種重量引き上げ発展型。

MU-2G（MU-2B-30）
MU-2Bの胴体を1.91m延長したストレッチ型で、降着装置の設計が変更された。

MU-2J（MU-2B-35）
MU-2Gと同様の胴体延長型で、エンジンを改良型にし、離陸総重量を増加した。

MU-2L（MU-2B-36）
MU-2Gの改良型で、差圧の増加と

胴体を1.91m延長したMU-2Gの発展型のMU-2J。エンジンをパワーアップ型にし、各種の重量も引き上げられた（写真：Wikimedia Commons）

航空自衛隊の捜索救難機MU-2S。レーダーを収めた機首先端が細長く延びているのが特徴である（写真：Wikimedia Commons）

重量の引き上げを行った。

MU-2N（MU-2B-36A）

胴体延長型で4枚ブレード・プロペラを装備するとともに、キャビン窓を増やした。

MU-2J（航空自衛隊名称）

MU-2Gをベースにした航空自衛隊向けの飛行点検型で、機体構造が一部強化されている。

MU-2S（航空自衛隊名称）

MU-2Dをベースにした航空自衛隊向けの捜索救難型。機首に細長いレ

ドームがあって、捜索用パルスドップラー・レーダーが収められている。胴体右側面に大型のスライド式扉があって救難用装具の投下を可能にしている。このため機内与圧システムは外されていて、中央左右にバブルウィンドウがある。航続距離を延ばすために、機内に容量290Lの燃料タンクを追加搭載した。

LR-1

MU-2Bをベースにした陸上自衛隊向けの連絡・偵察型で、社内名称は

MU-2C（MU-2B-10）。偵察機として使用する際は、後方胴体左右下方の外板パネルを外してガラス製のカメラ窓を露出させる。出発前に、目的に応じて胴体内のカメラ位置を固定させ、また同様にレンズの焦点距離も選択しておく。シャッター速度と絞りも、離陸前にセットする。当然デジタル・カメラではないので情報の空中からの送信などは行えず、着陸後にフィルムを現像して情報を判読するという偵察手法が使われた。胴体

MU-2Bのアメリカ向けの改良
輸出仕様機で、ソリティアの商
品名で販売された（写真：
Wikimedia Common）

胴体延長型のアメリカ向け製品名
マーキーズ。改良が加えられてい
て、プロペラが4枚ブレードに
なっている（写真：Wikimedia
Commons）

両側面に12.7mm機関銃の装備も可
能であったが、3号機以降ではそのた
めのフェアリングがなくされて、装
備しないようにされた。

MU-2K（MU-2B-25）

民間型MU-2Jの胴体を標準型にし
たもの。

MU-2M：（MU-2B-26）

MU-2Kの改良型で、機内与圧シス
テムの差圧を高めた。

MU-2N（MU-2B-60）

プロペラを4枚ブレードにするな

どした改良型。

ソリティア（MU-2B-40）

MU-2Bの輸出型の名称で、エンジ
ンに改良を加えるとともに燃料容量
を増加した。

マーキーズ

MU-2Nの輸出型の名称。

MU-2はアメリカ市場への進出に
成功したことから、1986年まで製造
が続いて、総生産機数は704機に達
した。戦後の国産機ではもちろん単
一機種最大の生産機数で、ライセン

ス生産機でもこれにおよぶものはな
い。そしてSpaceJetの開発が中止と
なったことで、この記録は当分の間、
破られることはないであろう。

MU-2L

全幅　　11.94m
全長　　12.01m
全高　　4.17m
主翼面積　16.6m²
空虚重量　3,433kg
最大離陸重量　5,250kg

三菱重工業の航空機運航事業部門であるダイアモンドエアサービス所有時のMU-300A。2020年6月29日に三井トラスト・パナソニックファイナンスへの所有者移転登録が行われた（写真：青木謙知）

エンジン　エアリサーチ TPE331-6-
　　25M1（579kW）×2
巡航速度　295ノット（546km/h）
実用上昇限度　9,020m
海面上昇率　719m/min
航続距離　1,260海里（2,334km）

ビジネスジェット
MU-300

　三菱重工業は1969年に、MU-2に続く高級ビジネスジェット機の計画を立てて、各種の調査・研究の末1976年に実際の機体開発作業に着手した。こうして誕生したのがMU-300で、7〜9人乗りのキャビンを備えた小型の双発機で、エンジンにはプラット＆ホイットニー・カナダJT15D-5ターボファンが用いられた。一時は「ダイアモンドI」の愛称も伝えられたが、正式なものとはなっていない。

　MU-300の開発作業については、多くは公表されておらず、1979年に2号機が初飛行後アメリカに送られて

アメリカ連邦航空局（FAA）の型式審査を受けていたが、アメリカン航空のDC-10による重大旅客機事故の発生というアメリカ国内事情によりすべての型式審査プロセスが大幅に滞ってしまい、MU-300もその影響で型式認定が下りたのは1981年11月6日になってのことであった。

　ビジネスジェット機の市場は、当時も今も日本国内にはほとんどなく、MU-300の販売はMU-2以上にアメリカをはじめとする外国に頼らざるを得なかった。国内では、航空自衛隊による連絡機としての採用も期待されたが、航空自衛隊は

（1）ビジネスジェット機は機体価格が高い
（2）運航経費や保守費が高額になる
（3）MU-300は航空自衛隊の連絡機には小型すぎる
（4）相対的に航続力不足

という理由から関心を示さなかった。
　またMU-2の経験から、三菱重工

業がアメリカで販売を続けるのも難しいと考えられた。パワーアップ型のダイアモンドIIの開発も示したが関心は得られず、三菱重工業はMU-300を事業として継続することを断念した。そして三菱重工業は1985年にMU-300のあらゆる権利をビーチクラフト（現ホーカー・ビーチクラフト）に売却し、MU-300に対する取得していたFAAの型式証明も、1986年5月にビーチクラフトのビーチジェット400に受け継がれた。ビーチクラフトはさらにビーチジェットの高級化発展型ビーチジェット400Aも発売した。

　この機種におけるビーチクラフトの大きな成功が、1990年2月のアメリカ空軍の空中給油機および輸送機訓練システム（TTS：Tanker-Transport Training System）での採用決定である。T-1Aジェイホークの名称で1992年1月に引き渡しが開始され装備機数は180機とさほど多くはなかったが、民間の小型ビジネスジェット機市場が行き詰まりを見せ

アメリカ空軍第14飛行訓練航空団第48飛行訓練飛行隊で、大型機パイロットの操縦訓練に使われているビーチT-1Aジェイホーク。もとはMU-300で、大きな改造や設計変更などは行われていない（写真：アメリカ空軍）

航空自衛隊第1航空団第41教育飛行隊で大型機乗員の養成訓練に使われているホーカー・ビーチクラフトT-400。基本的にはアメリカ空軍のT-1Aと同じもので、MU-300を逆輸入したかたちになった（写真：航空自衛隊）

ていたときだけに、生産機数の確保の大きな助けになった。

　さらにTTSでの採用を見た航空自衛隊も、航空自衛隊の輸送機などの多発機パイロットの練習機として導入することを決めた。これがホーカー・ビーチクラフトT-400で、1994年2月から2004年4月までに13機が引き渡されている。機体自体はT-1Aとまったく同一で、ホーカー・ビーチクラフトからの輸入機であり、三菱重工業とはいっさい関係がなく、完全な逆輸入品となっている。

　1993年にホーカーのビジネス機部門がレイセオンに買収されたことで、現在この機種は、ホーカー400の製品名により民間機市場で販売が続けられている。その最新仕様機がホーカー400XPで2012年5月に初飛行し、さらに2916年にはそのエンジンを新世代の小型ターボファンであるウィリアムズFJ44（12.4kN）に変更し、コクピットの電子飛行計器システムをロックウェルコリンズのプロ

三菱重工業が所有していたホーカー・ビーチクラフト400A。2021年2月19日に航空の用に供さないとされて、2月26日付で抹消登録された（写真：青木謙知）

MU-300をベースにしたホーカー400シリーズの最新型で、エンジンをウィリアムスFJ44-4A-32（14.2kN）に変更するなどをした性能向上型ホーカー400XP。初号機は2012年5月に初飛行した（写真：Wikimedia Commons）

ライン4かガーミンのG5000からの選択式にした、ホーカー400XPRが型式証明を取得している。

ホーカー400A

全幅　13.26m
全長　14.76m
全高　4.24m
主翼面積　22.4m²
運航自重　4,982kg
最大離陸重量　10,115kg
エンジン　プラット＆ホイットニー・カナダJT15D-5R（12.9kN）×2
最大速度　430ノット（796km/h）
経済巡航速度　422ノット（782km/h）
海面上昇率　1,225m/min
実用上昇限度　13,716m
最大航続距離　1,185海里（2,195km）

リアマウント・エンジン形式だった当時のMJの想像図（画像：三菱重工業）

エンジンの装着場所を主翼下に変更したMJの想像図。まだかなり小型のジェット旅客機を検討していたことがよくわかる（画像：三菱重工業）

Ⅱ-4　MRJに至る道

｜MRJ開発の発端

　MRJ/SpaceJetの開発の発端となったのは、2002年8月に経済産業省が平成15（2003）年度予算で「環境適応型小型航空機」に関する経費を盛り込むと発表したときであった。具体的には、「環境面への配慮を最重要課題とした、効率性に優れる30～50席級の次世代旅客機を開発する」とい

うもので、2003年4月7日に、この事業の窓口となる新エネルギー・産業技術総合開発機構（NEDO：New Energy and Industrial Technology Development Organization）で、航空機メーカー各社を招いての説明会を開催し、4月末を締め切りとして事業参加希望者とその提案を募集するとした。

　しかしその締め切り日までに参加に応じたのは、三菱重工業だけで

あった。このため5月29日に、三菱重工業を主契約社とし、富士重工業と日本航空機開発協会（JADC：Japan Aircraft Development Corporation）が協力して事業を進めることに決められ、あわせて富士重工業（現SUBARU）が機体に関して10％の作業シェアを受けもつこととされて主翼などの製造を実施することとなった。また機体開発作業に関しては、宇宙航空研究開発機構

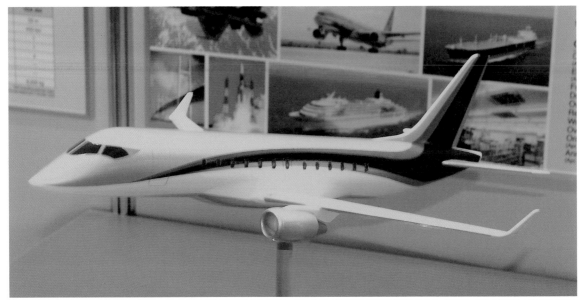

2005年のパリ航空ショーで展示されたMJの模型。機体の基本形状はかなり固まっているが、小型機であることが見てとれる。塗装は、のちのMRJにつながるデザインである（写真：青木謙知）

2006年のファーンボロー航空ショーで展示されたMJの模型。大型化への変更が取り入れられて、前年のパリ航空ショーの模型と比べると明らかに胴体が長い（写真：青木謙知）

（JAXA：Japan Aerospace Exploration Agency）と東北大学が協力することも決められた。これが、MRJの起源となったもので、環境対応型高性能小型航空機プロジェクトの作業を獲得した三菱重工業は、さっそく機体案の具体化に乗りだしたのである。

　この当時、機体規模については、短距離路線向けで経済性に優れる30〜50席級という小型機が想定されていて、三菱重工業はまずこのクラスに適していた後方胴体左右にエンジンを取りつけるリアエンジン形式の機体を検討した。この形式ならば機体はコンパクトにまとめられ、特に地上高を低くでき乗降を容易にできることや、地上支援設備を最小限にできるなどといった利点があった。

　一方でリアエンジンは床下スペースに制約が生じ、大きな手荷物の搭載スペースの確保が難しいこと、将来のエンジンの発展（特に直径の大型化）への対応が難しくなること、という問題点があった。そしてなによりも、機体の大型化への対応が容易というメリットから、エンジンを主翼下に取りつける形式への変更が決められて、これが最終的な機体構成となった。

2007年のパリ航空ショーで展示・公開されたMJの実大客席モックアップの外観（写真：青木謙知）

▍機体名称と変遷

このジェット旅客機について、当時はまだ機体名称が定まっておらず、いろいろな名称で呼ばれることになったが、2003年10月から11月にかけて開催された静岡空港航空フェアで展示された模型には「三菱ジェット（MJ：Mitsubishi Jet）」という名前がつけられていた。これが、三菱重工業が開発するジェット旅客機の概念を、初めて公開した事例となったのであった。また、2005年5月のパリ航空ショーでも同様の模型を展示し、このときは次世代地域ジェット（Next Generation Regional Jet）と呼んでいた。こうした初期の機体構想では、客席数は前記のとおり30〜50席で、多くても60席までとされ、一方で客室は通路を挟んで2席＋2席の横4席配置にすることに

なっていたので、胴体は相対的に太くて短いものであった。

一方で2005年6月のパリ航空ショーの直前にあたる同年春ごろには、市場調査の結果などから、30〜50席よりも70〜90席程度のほうが大きな需要が見込めることなどから、機体の大型化が決められた。実際に、どんなにエンジンの燃費がよくなっても、30〜50席では、航空会社が利益を上げるのは至難の業である。もちろん需要が見込めなければ客席数を変えるなどの意味はないが、ある程度の需要が存在するのであれば、収容力が大きい（すなわち客席数が多い）ほうが乗客1人あたりにかかる直接運航経費は安くなり、航空会社は利益を上げやすくなる。事実航空会社は今も昔も、運航経済性については乗客1人あたりの運航経費を重視する傾向にある。

こうしたことを考えあわせれば、

機体の大型化は理にかなったものだ。ただ模型の製作が間に合わなかったようで、パリ航空ショーで展示された模型は、従来の胴体の短い50席級機で、胴体を長くしたMJの模型が展示されたのは、翌2006年のファーンボロー航空ショーであった。

そして2007年6月のパリ航空ショーでは、MJの実物大の客室モックアップが展示された。このモックアップは、全長が8.89mで、内部には横4席の座席を、座席間隔を変えて右側に5列、左側に4列設けてあり、最後部にはギャレーとトイレを設け、最前部にはコクピットの想像図が投影により映しだされていた。客席の大型のオーバーヘッド・ビンや天井の照明の設計などは、その後のMRJに通じるものが見てとれた。

またこうした作業の間に、航空機にとって重要なコンポーネントの1つである、エンジンに関する検討も

2007年のパリ航空ショーにおける客室モックアップの内観。このあといくつかの改良が加えられていくが、基本的な設計概念はMRJの客室モックアップに受け継がれている（写真：青木謙知）

進められていた。航空機用エンジンの大手メーカーであるイギリスのロールスロイス、アメリカのジェネラル・エレクトリックおよびプラット＆ホイットニーの3社と話し合いなどを繰り返した結果、2008年10月に、プラット＆ホイットニーが新たに開発する、ギアード・ターボファン（GTF：Geared Turbo Fan Engine）エンジンを装備する計画であることが明らかにされた。この時点でGTFエンジンの装備を決めていた航空機はなく、三菱重工業はGTFエンジンのローンチ・カスタマー（最初の発注主で開発決定を促した顧客）となったのである。このGTFはのちに正式な製品名を、ピュアパワーPW1000Gとした。

また三菱重工業は2007年2月に、それまでは基本的に「MJ」と仮称していたこのジェット旅客機について、地域路線向けであることをより強調するために、「地域」を意味するRegionalを加えて、ミツビシ・リージョナル・ジェット（MRJ：Mitsubishi Regional Jet）を正式な名称にすることを決定した。この時点でMRJの開発総額は、約1,200億円になるとの見通しも報じられ、そしてこの事業が、経済産業省のプロジェクトが出発点であったことから、そのうちの3割程度となる約400億を、平成20年度から23年度（2008～2011年度）の経済産業省の予算から拠出して、作業を支援することが決められた。

リージョナル機の定義

なお、地域ジェット機に明確な定義はないが、リージョナル機とは、以前に「コミューター機」とも呼ばれていたカテゴリーのものだ。その語源のコミュート（Commute）には「通勤・通学」という意味があり、おもに生活に密着した路線を運航する小型の旅客機をコミューター機といったのである。しかし1980年代以降にコミューター航空に対する規制緩和が続き、より大型の機体で幅広い路線の運航が行われるようになったことから、航空界においては「コミューター」という言葉が世界的に消滅しつつある。とはいってもまだ名残りはあるし、コミューター機やコミューター航空などといった言葉も使われ続けている。

リージョナル機は、少し前まではジェットエンジンでプロペラを駆動するプロペラ機の、ターボプロップ機が主体であった。しかし、おもにアメリカでリージョナル航空が発展するのと同時にターボファン・エンジンの技術も進歩してリージョナル

2018年のファーンボロー航空ショーに出品された、全日本空輸の旅客機と同様のカラーリングを纏った飛行試験3号機（写真：三菱航空機）

機のファンジェット化の動きが始まった。ブラジルのエンブラエル社のERJや、カナダのボンバルディア社のCRJの出現である。

　ターボファンの低燃費化が進んだとはいってもターボプロップよりはかなり燃費は悪く、経済性に劣る。ファンジェット機の利点の1つは高速飛行性能だが、リージョナル路線のような短距離区間では高速性はほとんど活かせないなど、問題点は残ったままであった。しかしファンジェット機には、プロペラ機特有の機内騒音や振動がなく機内で快適に過ごせるという特段のメリットがあった。そしてこれが利用者（乗客）に大きくアピールして、航空会社を使用機のジェット化に進ませ、その後のリージョナル・ジェット時代につながった。そして三菱重工業も、その世界に割り込むこととなったのである。

▌MRJの受注

　2007年10月19日に三菱重工業は記者会見を行って、顧客への正式提案の承認（ATO：Authorization to Offer）を決めたことを発表した。こうしてMRJ計画が正式にビジネスとなり、次は受注を待つこととなったのである。そして2008年3月28日に全日本空輸が確定15機、オプション10機の発注を行うことを発表し、三菱重工業は同日に、これを受けてMRJの事業化を正式に発表するに至った。これにより全日本空輸は、MRJのローンチ・カスタマーとなり、この時点では2017年7月現在までに量産型MRJを最初に受領し、あわせて最初に路線就航させる航空会社となることとされた。

　MRJの事業化を決めた三菱重工業は、2008年4月1日付で、MRJ事業を推進する企業として三菱航空機株式会社（MITAC：Mitsubishi Aircraft Corporation）を設立することを決めて、資本金と資本準備金をすべて拠出して、100％子会社としてその本社を名古屋に置いた。MITACの主要業務は、航空機（MRJ）の設計と開発および販売、そしてカスタマー・サポートで、機体の設計から型式証明の取得を行い、実用化後の顧客へのアフターサービスなどにも責任を負うことになっている。

　一方で機体の製造は、事業概要には挙げられているものの実際には行わず、各コンポーネントはパートナー企業などが製造し、機体フレームの一部の製造と最終組み立てや艤装・塗装は親会社の三菱重工業に委託する形をとった。株式については、二度の第三者割当増資が行われて、三菱重工業の100％子会社ではなくなっているが、2020年時点で64％の

出資比率で筆頭株主であることに変わりはない。

　設立されたMITACは三菱重工業の大江工場にある、通称「時計台」を本社にした。2015年1月5日には本社機能をすべて県営名古屋空港に移した。さらにのちには、三菱重工業の小牧南工場内に移している。2023年4月25日に三菱航空機が社名変更したのは、「はじめに」で記したとおりである。

2014年10月18日に日程発表どおりに実施されたMRJのロールアウト式典で、小牧南工場の格納庫に引き込まれたMRJの初号機。三菱航空機はこのあと、いくつものイベントについて予定日を発表することがあったが、そのとおりにイベントが行われたのはこのロールアウトだけだった (写真：青木謙知)

▍MRJのロールアウト

　三菱航空機は2014年9月18日に、MRJの初号機を、1カ月後の10月18日にロールアウトさせると公式に発表した。本来ロールアウトの語源は、完成した最初の機体を工場から初めて引きだすことであるが、今では「初号機のお披露目」を指すようになっていて、式典のスタイルもさまざまである。

2015年11月15日の初飛行で、県営名古屋空港の滑走路を離れて上昇に入ったMRJの初号機 (写真：青木謙知)

　MRJのロールアウト式典は予定どおり、10月18日に三菱重工業の小牧南工場の格納庫内で盛大に行われて、挨拶などの式典ののち、14時20分ごろに格納庫の扉が開いて機体が姿を現し、その後ゆっくりと格納庫内に引き込まれていった。機体が停止し、ふたたび挨拶などがあったあと、式典出席者や報道関係者などが機体に近づいて、至近距離から機体を見ることができるようにされた。

　この初号機は、近くから見ても表面が非常になめらかで、「つるつるお肌」と表現できる仕上がりだった。のちにMRJのプロジェクト・マネージャーにその点を聞くと、1号機なの

で、手作業といってもよいくらい手間をかけたのであのような仕上がりにできた、ということであった。そして量産機については、そのようなことをしていたら「量産」といえるような作業にはならないから、もっと普通の仕上がりになるとした。

　またこの時点で1つ気になっていたことは、静強度試験がまだ始まっていなかったことである。試験開始が、当初の予定よりも2カ月遅れたのだ（この直後に始まったが）。

　そしてロールアウトの時点では、今後の作業がすべて順調に進めば、2015年第2四半期（4〜6月）に初飛行する予定であることが示された。

ロールアウトから初飛行までの間には、飛行試験時の各種計測に使う装置類の装着や搭載、燃料、潤滑油、各種の作動油などを入れて漏れがないかなどの確認や、各種システムの作動や機能の点検、エンジンの本格運転、タクシー試験（高速タクシーで初めて最後は高速タクシー）といった作業が必要である。そしてMRJは、これらの作業に時間を要したことから、初飛行は予定よりもかなり遅れて、2015年11月11日となった。この初飛行の日付発表も数回の修正の末、前日になってやっと確定情報が示されるというバタバタしたものであった。

MRJ の開発

（写真：三菱航空機）

Section Ⅲ
MRJの開発

MRJの基本設計とその機体構造、そして実際の開発作業を、2機の試験機および
5機の飛行試験機の詳細と各種試験の概要を使われていた試験施設とともに詳記する。

Ⅲ-1　MRJの基本設計

MRJの基本構成

　SpaceJetのベースとなったMRJは、ターボファン双発の小型ジェット旅客機で、円形断面の胴体のほぼ中央に、浅い後退角をもつ主翼を低翼で配置し、わずかな上反角をつけている。この上反角は、横安定性を高める以外に、エンジンと地面の間隔を確保するのも目的の1つである。

　MRJ/SpaceJet用のプラット＆ホイットニーピュアパワーPW1200Gは、ファン直径が1.42m、ファンケース直径が1.57mと、このクラスの機体用には大型だったため、一定以上の上反角をつけることは不可欠だった。そのエンジンは、左右主翼下にパイロンを介してポッド式で装着し

初飛行でナゴヤドーム上空を飛行するFTA-1（写真：三菱航空機）

ている。主翼端には上方向けのみの
ウイングレットがあり、主翼端
キャップと一体で作られている。尾
翼は、後退角つきの垂直尾翼1枚と、
同じく後退角のある取りつけ角変更
式水平尾翼の組み合わせで構成して
いる。後方胴体最後部内には、ガス
タービン・ユニットの補助動力装置
（APU：Auxiliary Power Unit）が収
められていて、テイルコーンの先端
はその排気口になっている。降着装
置は前脚式3脚で、すべてが胴体内
に引き込まれる。主脚はシングル・
タイヤ、前脚はダブル・タイヤだ。

　このように基本的な機体構成を記
すと、双発ジェット旅客機としてき
わめて一般的な機体フレーム設計が
採られていたことがわかる。

MRJの開発方針

　MRJについて三菱航空機は最初か

ら、胴体の長さが異なる2つのタイ
プで開発を行うことを決めていた。
基本となるのは90席クラスの旅客機
とするMRJ90で、もう1つはその胴
体を短縮し70席級とするMRJ70で
ある。機体の基本設計は共通で主翼
や尾翼などの機体の各コンポーネン
トはまったく同じであり、胴体長が
異なるだけである。もちろん胴体が
長く、乗客数が増えれば、当然機体
重量が増加し、エンジンの推力はよ
り大きなものが必要となるので、
MRJ90用のものは最大推力がわずか
に大きいが、そのエンジンの基本的
な部分もまた同一である。

　三菱航空機は、最初の顧客である
全日本空輸がMRJ90の開発を希望
し、また続く初期の顧客もMRJ90を
希望するほうが多いと見て、まず
MRJ90の開発を行い、それがひと区
切りついたところでMRJ70の開発に
着手するという方針を立てた。また

両タイプで標準（STD：Standard）
型と航続距離延伸（ER：Extended
Rnge）型、そして長距離（LR：Long
Rnge）型の3タイプの製造を計画し
た。各タイプの違いは燃料の搭載量
だけで、STDを基本に燃料搭載量を
増やすのがER、それにさらに燃料搭載
量を追加するのがLRである。これら
は当然のごとく重量が増加するが、
構造の強化などを必要とするもので
はないので、各タイプの構造設計に
変化はない。

　また当初から、一部のヨーロッパ
の地域航空会社では、より大型で100
席級とするタイプを望むところも
あった。このため三菱航空機も
MRJ100Xの名称で100席級のタイプ
も研究することにはしたが、まずは
MRJ90とMRJ70を完成させること
を最優先にし、MRJ100Xをどうする
かは、そのあとで決めるという方針
を採った。

図　MRJの機体フレームのセグメント構成

セグメント番号	名称
230	前胴
250	中胴前部
260	中胴後部
280	後胴
400	主翼
410	主翼
500	後胴翼
510	水平尾翼

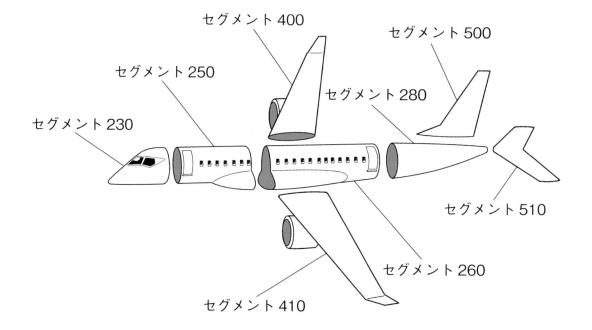

MRJのセールスポイント

　MRJの開発に着手した当時、三菱航空機はMRJについて次のセールスポイントを挙げていた。

(1) 最先端技術を採用した、地域ジェット機に最適化した設計
(2) 最新鋭エンジンと先進の空力設計技術による最高レベルの運航経済性
(3) もっとも快適な客室空間（貨物室を客室後方にまとめたことで、これまでの地域ジェット機にはない広い客室スペースを確保
(4) 環境への優しさ＝最新の騒音基準や排出ガス基準を十分に満たす、同クラス機のなかでもっとも静かでもっともクリーン
(5) 高性能・高品質にこだわりをもったクラフトマンシップ
(6) 世界クラスのカスタマー・サポートを運航初日から提供＝部品供給・技術支援・訓練・運航および整備マニュアル・整備および修理ネットワーク・ウェブポータル

　最後のカスタマー・サポートでは、適切な部品の供給を含め1日24時間／週7日（24/7）の技術支援や、運航・整備の訓練プログラム、オンラインによる技術データの収集や飛行情報の監視プログラムなどの提供を行うとした。またこの分野は航空機の運

組み立て中のMRJ90の胴体。セグメントごとに分割されていて、それが結合される（写真：三菱航空機）

航にとって非常に重要である一方、三菱航空機にとっては経験の乏しいものであることから、技術支援と部品供給ではボーイング、運航および整備マニュアルではスウェーデンのサーブ、訓練ではカナダのCAEといった、それぞれの分野で実績のあるエキスパート企業と、支援を受ける契約を交わすこととなった。

MRJの機体構造は、前ページの図のとおり、全体を8つの部分（セグメント）に分けた設計になっていて、これはSpaceJetにも受け継がれた（セグメント500の後胴翼とは垂直尾翼のこと）。なおこのあと、機体の構造などに関する記述はMRJのものを記しているが、特記していないかぎりすべてSpaceJetも同様であるので、いちいち断り書きは入れない。このセグメント分けに大きな特色はなく、多くの旅客機と同様である。

MRJの胴体

胴体は前方胴体中央胴体前部、中央胴体後部、後方胴体に分けられていて、前方胴体にはキャブ（Cab）と呼ばれる操縦室部も含まれている。

MRJの出発点となったミツビシジェット（MJ）を三菱重工業が設計したとき、その胴体は直径2.90mの真円断面であった。しかしMRJとして設計を行う際に、乗客が座った状態での居住性を高めるため、まず横方向を6.4cm広げることとなって、最大幅が2.96mになるわずかながら楕円形をした断面に変更された。そして2009年9月にはさらに、縦径についても6.4cm増加することが発表された。これは、客席頭上のオーバーヘッド・ビンの容積を増加することを目的としたもので、その結果最終的なMRJの胴体は、直径2.96mの真円断面になっている。

多くの旅客機の胴体は、上下左右の計4枚のパネルで構成されている。近年の例外はボーイング787で、炭素繊維複合材料により円筒形で一体成型にしている。この方式は構造重量をさらに軽量化できるという利点

はあるが、工作が非常に難しく修理にも手間がかかるという難点があるため、同じ全複合材料製胴体を使ったA350XWBでは、エアバスは通常どおりの4枚パネル組み合わせ式の胴体構造を採用した。

このように旅客機の胴体は4分割構造が常識化しているのだがMRJは、5枚のパネルで円筒形を作っている。5枚のパネルは、円をほぼ等分にしたものになっているので、一般的なものが四分円なのに対しMRJは五分円としたことになる。

これは構造上の理由などではなく、また作業工程が増え、加えてわずかではあるが構造重量が増えるといったデメリットがある。それでもあえてこうした構造を採ったのは、外板を加工・成形したあとの最終工程となる防錆や腐食止めなどの表面処理（コーティング）で製品を入れるタンクの寸法が問題となったためだ。4分割だと入らないものがでてきてしまうのだが、5分割ならばすべてがちょうどすっぽりと収まるとい

MRJの胴体内部の組み立て作業。外板は5分割になっていて、それを円形のフレームにつけて真円断面の胴体を完成させる（写真：三菱航空機）

う理由から5分割にしたのであった。これにより既存の設備を活用することができ、設備投資を削減できた。このあとMRJ/SpaceJetは開発費を含む多くの問題から計画中止となったが、開発初期には製造コストを抑えるためにさまざまな努力や工夫が行われていたのは事実である。

MRJの主翼

MRJの主翼は、数値流体力学の技術を使ってこの航空機に最適な翼形と形状のものが生みだされた。ただ主翼に関する細かな数値（面積、後退角、アスペクト比など）は公表され

ずじまいだった。もちろん後退翼で、MRJは最大運用マッハ数を0.78と比較的低速に設定しているが、これは短距離機であり高速性は重視されないという機体の運用特性にもとづいたものだ。このため後退角はきつくする必要はなく、むしろ浅めにして巡行時の燃費率を抑えることが重視されている。面積も、大きければ低速飛行に有利にはなり、離着陸距離の短縮も可能になるが、大きすぎると飛行中の抵抗が増えるので、極端に大きくはしていない。一方で、良好な巡航効率を得るために縦横比（アスペクト比）は写真などで見るかぎり相対的に大きめで、細長い主翼に

なっている。

MRJは、計画では主翼を炭素繊維複合材料（CFRP：Carbon Fiber Reinforced Plastics）製にすることとされていた。しかし、設計と工作上の理由から、通常の金属製に変更されている。これについてはSection Vで記す。

垂直尾翼と水平尾翼の組み合わせによる通常の構成である尾翼についても、双方を炭素繊維複合材料（CFRP）製にする計画であった。しかし、水平尾翼についてはCFRP製にした場合に、製品の完成レベルにおける歩留まりが悪くコスト高になるなどの理由から、金属製に変更さ

CFRP素材からVaRTM工法により製造されたMRJの垂直尾翼構造部の見本（写真：青木謙知）

れてしまった。

　こうしてMRJの主要機体フレームでCFRPが使われるのは、垂直尾翼だけになったが、その垂直尾翼の製造には、オートクレーブを使わずに、成形素材に樹脂を染み込ませてその後空気を抜いて真空にして硬化させるという、真空含浸（バータム：VaRTM = Vacuume Resin Transfer Molding）と呼ぶ工法が用いられて

いる。一般的には樹脂含浸（Resin Infusion）と呼ばれるこの工法は、大型のオートクレーブが不要となるので設備投資が少なくてすみ、またオートクレーブ工法に際して作成が必要となり保管・管理に手間のかかるプリプレグという中間素材を作らなくてすむというメリットがある。一方で、全体にまんべんなく均等に樹脂が染み込んでいないときちんと

した製品ができないという難しさがあり、また大型部材の製造にはまったく不向きではある。ただMRJには、東レと三菱重工業が共同で開発したVaRTMによる垂直尾翼構造が適用されている。炭素繊維素材のメーカーである東レによれば、MRJの機体構造の約10％にCFRPが適用されたという。

三菱重工業小牧南工場内に建設された、MRJ地上試験機用の試験施設。2機を収容できる大きさの建物だ (写真：青木謙知)

Ⅲ-2　MRJの試験機

形式証明と試験機

　先に記したように、基本的な設計が固まった新ジェット旅客機について三菱重工業は、2007年2月に「MJ」としていた機体の名称について、地域路線向けであることをより強調するために、「地域」を意味する「Regional」を加えて、ミツビシ・リージョナル・ジェット（MRJ）を正式な名称にすることとした。2008年3月28日に全日本空輸が15機を確定。これを受けてMRJの事業化開始（ローンチ）を正式に発表した。これにより、いくつかの作業を開始することになったが、もっとも重要な1つが試験用の航空機を製造し、それらによって監督官庁（日本の事業なの

で国土航空省）の実用認定を得るための試験を行うことであった。この認定が、型式証明である。

　この試験に用いる試験機について三菱航空機は、7機を製造することを明らかにした。このうち5機は、実際に飛行しての試験を行う飛行試験機（FTA：Flight Test Aircraft）で、2機はエンジンなどは装備せず、飛行するようには作られていない、地上試験機（GTV：Ground Test Vehicle）である。そしてGTVの2機は、疲労強度試験機と静強度試験機という、異なる役割がもたされた。このような、開発用試験機を7機程度とし、2機を地上試験機用の疲労試験機（GTV-1）と静強度試験機（GTV-2）とすることは、まったくの新型機の開発ではきわめて標準的であり、常

識的な試験体制を組んだといってよい。なお、簡単にいえば、疲労強度試験機は耐久性を、静強度試験機は強度を保証する目的のものである。

　また、地上試験と飛行試験はともにMRJ90で行われるが、地上試験の結果はそのままMRJ70に適用できるので、MRJ70のGTVは作られないこととなった。FTAについては、MRJ70として完成する最初の2機をMRJ70のFTAにあてることが計画された。

疲労強度試験と静強度試験

　地上試験の概要について記すと、三菱重工業はMRJの地上試験用に、小牧南工場内にMRJ技術試験場を建設した。2010年1月に着工し、翌

組み立て作業中の疲労強度試験機。この時点では飛行試験機との違いは見てとれない（写真：三菱航空機）

試験施設へと運ばれる、完成した疲労強度試験機。エンジンと水平尾翼はつけられていない（写真：三菱航空機）

2011年3月に完成したこの施設は、幅約82m、長さ約55m、建築面積は4,633m²という大きさで、MRJ 2機を収めることが十分に可能なように設計されていて、静強度試験機と疲労試験機は隣り合って並べて試験が行われた。

GTV-1が用いられた疲労強度試験は、機械各部に負荷をかけて機体の強度などを確認するもので、その負荷は通常の飛行で遭遇するのと同程度で極端に大きなものではない。ただそれを長期間繰り返すことで、そ

の航空機が運用される全期間にわたって機体各部に生じる疲労に機体構造が耐えられることを証明するという試験なのである。機体各部の構造や使用素材について疲労に対する耐久性が試されるが、あわせて胴体に繰り返しかかる機内与圧の増減への耐性も確認される。今日のジェット旅客機は、経済寿命が20年というのが標準であることから、MRJもそれを使用期間の基準にしていた。そして疲労強度試験は、設定された運用寿命の2倍以上を行うことが、近

年では一般的である。

このため疲労試験は、静強度試験とは異なり、短期間で繰り返し負荷をかけたりして時間を短縮できるようなものではなく、必要な時間を実際に使って試験を行うことになる。従って20年間の実証が必要ならば、試験期間は20年になり、極端にいえばその機種が退役するまで継続され、さらに設計上定められていた時間あるいは回数を超えても問題が生じなければ、その機種の運用寿命の制限は延長されることになる。疲労

試験施設に運ばれる静強度試験機。静強度試験機は、地上試験機の2号機である（写真：三菱航空機）

試験施設内で試験機を固定するリグの概要図（画像：三菱航空機）

試験機は2016年3月15日に完成して、そのまま試験場に移動して試験に入った。

　GTV-2が使われた静強度試験も、航空機の構造試験の1つであり、運用期間中に機体に対して作用する可能性のある最大荷重を試験機に負荷し、その解析結果にもとづいて安全性を評価することを目的としているものだ。このため、主翼、胴体、垂直尾翼、平安尾翼取りつけ部、エンジン取りつけ部などの機体各部への持ち上げや押し下げといった荷重がかけられる。

　静強度試験機は屋内のリグに固定され、MRJ用のこの試験リグは幅約32m、長さ約40m、高さ約13mあって、試験機は床面から約1.5m釣り上げられた形で試験を受けた。試験リグで囲われた試験機には、翼、胴体、垂直安定板、水平安定板取りつけ部、エンジン取りつけ部などの機体各部に荷重をかけるための100本程度の油圧アクチュエーターが取りつけら

試験施設内に収められる静強
度試験機（写真：三菱航空機）

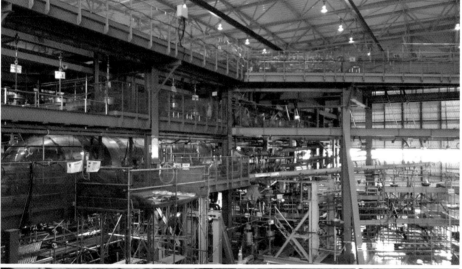

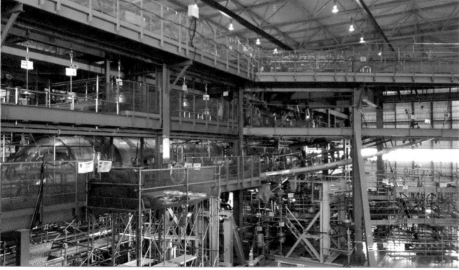

静強度試験機による主翼荷重
試験の様子。わかりにくいが上
が荷重がかかっていない状態
で主翼が水平になっている。
下は上方への曲げ荷重がかけ
られたので主翼が反って主翼
端が上がっている（写真：2枚
とも三菱航空機）

ボーイング777の主翼究極荷重試験の様子。究極荷重がかけられて一定時間もちこたえたあとさらに荷重が大きくされて、主翼は音を立てて折れた（写真：ボーイング）

れていて、歪みゲージは機体全体にわたって数千点が装着された。このアクチュエーターを使って各部への持ち上げや押し下げといったさまざまな負荷がかけられて、歪みゲージによりそれぞれの場所での負荷を計測するのである。

　この荷重は、最終的には終極荷重をかけてそれに耐えることを実証するのだが、三菱航空機ではそれを1.5Gの予定と説明していた。旅客機を含めた輸送機は通常、設計荷重限界が2.5G（大型の軍用輸送機では重量制限を行って2.25Gにしているものもある）なので、MRJもこれに準じていると考えられる。従って、終極荷重試験での最大荷重は、2.5×1.5で、3.75Gになる。そして試験を受ける各部位は、この終極荷重状態に3秒以上耐えられれば、必要とされている荷重耐性強度を有していると認

められることとされている。MRJの静強度試験の完了の発表は、機体のあらゆる部分が終局荷重に耐え、必要とする強度を備えていることを実証したということになる。

　過去の機種では、終局荷重試験のハイライトとして、終局荷重に耐えられることを確認したあと、さらに荷重を引き上げて主翼を破壊した。ただ近年の旅客機では破壊にまで至らしめないものも多く、この試験で実際に主翼を破壊した最後の機種はボーイング777であった。

　その後の機種について記すと、エアバスA380は破壊していない。エアバスはその理由を、機体が大きすぎて破壊する施設が確保できないためとした。ボーイング787も破壊を行っていないが、ボーイングはその理由を、主翼が複合材料製であるためとした。従来の金属製であれば、

破壊後に溶かしてほかの金属素材として再利用できるが、複合材料ではまだその技術がなく、破壊後の措置が決まっていないためとした。エアバスA350XWBも主翼は複合材料製で、こちらも破壊はしていない。

　MRJもまた、静強度試験で主翼を破壊しない予定であることを早くから明言していて、その理由としては、破壊後の保管場所がないためとしていた。このように機種・メーカーにより多少のバラツキはあるが、前記した終局荷重に耐えられる時間の規定をクリアできれば、破壊しなくても問題はない。A350XWBも主翼に荷重をかけての主翼端の最大たわみは5mを超えたが、強度上の問題はなにも発生せず、試験に合格した。

エアバスA350XWBによる主翼究極荷重試験の様子。運航ライフサイクルの1.5倍の荷重に耐えることが強度試験で成功裏に確認されたことで、従来のような破壊は行っていない。写真では左右の主翼が大きく上方に反っていることがわかり、翼端のたわみは5mを超えたとされている（写真：エアバス）

そのほかの試験

　MRJのGTV-2は、前記のとおり2014年5月には試験場に搬入されたが、各種の装置の取りつけや試験準備に時間がかかってしまい、試験が開始されたのは5カ月後の10月10日になってのことであった。その後の試験作業にも少し時間を要して、当初予定していた1年半の期間よりも半年程度延び、2016年11月1日に試験を終えた。この試験を終えて三菱航空機は、MRJの機体構造が型式証明に必要な強度を有することが確認でき、また証明に必要な技術データの取得に成功した、と発表した。

　またこのほかに、「アイアンバード（鉄の鳥）」と呼ぶ試験装置が、飛行操縦システムの開発に用いられた。MRJに代表される近年の旅客機の飛行操縦装置は、コンピューターを活用したフライ・バイ・ワイヤという電子式のシステムになっていて、パイロットの操縦操作が電気信号に置き換えられて、それをコンピューターが処理して舵を動かすための電気信号を作り、舵を動かす装置に伝えるというものになっている。このため、従来のようにケーブルを機体全体に走らせたり、プーリーやプッシュプルロッドなどは不要になったが、こうしたメカニカルなものが見えなくなってしまい、これまでは目視で作動を確認できていたものが不可能となった。一方で、開発段階で飛行操縦装置の作動を確認することは不可欠であるため、新たな装置が必要になったのだ。それでアイアンバードが作られるようになった。

　アイアンバードは、飛行操縦システムのすべてを忠実に再現した装置で、コクピットもある。このコクピットで操縦操作を行って、各舵面がきちんと動いているかなどを確認する。こうしたことからアイアンバードは、かなり大きなものになるが、その形は飛行機のようなものではない。胴体やエンジンなどはもちろんなく、舵面にしても動くことが確認できればよい程度のものになっているので、まったく見栄えのしない装置ではあるが、ボーイング777や787、あるいはエアバスA380やA350XWBといった最新鋭の旅客機ではかならず作られて、飛行操縦装置の開発に用いられており、飛行試験機、地上試験機に続く第3の開発用機ともいえるものになっている。

飛行試験機

　飛行試験は前記したように5機体

制で作業を行う計画だったが、開発
作業の遅延と大幅な変更が必要に
なったことから、5機を製造するもの
の5号機は飛行せず、完成後は設計
変更を取り入れての確認など、地上
でできる開発作業の補助的な役割を
果たすものに変更された。

　また2019年6月13日に、MRJの名
称をSpaceJetに変更したのち、MRJ
90の名称がSpaceJetM90となり、通
算10号機がその初号機となった。こ
のためこの機体はFTA-6とも考えら
れるが、三菱航空機はこれを開発飛

行試験機としておらず、この機体は
同じ飛行試験機を意味するFTV
(Flight Test Vehicle) とし、通算10
号機なのでFTV-10と呼んでいる。
このため飛行試験機は、FTA-1〜5
だけということになる。その各機の
概要を以下に記しておく。

各機の紹介 (FTA1 〜 5、FT-10)

◆FTA-1(飛行試験初号機)

　2015年11月11日に初飛行した初

飛行したMRJは、5機が作られた飛
行試験機の、もちろん初号機 (FTA-
1) である。その初飛行時のデータを
少し記しておくと、飛行時間は1時
間27分、飛行中は常に降着装置は下
げたまま、フラップは離陸位置固定
にして飛行を行った。最高到達高度
は15,000フィート (4,572m)、最大飛
行速度は150ノット (278km/h) を記
録し、飛行試験作業を計画していた
太平洋側にある防衛省の飛行訓練空
域に到着するとパイロットは、上昇
と降下、そして左右への旋回という、

初飛行に向けて、三菱重工業小牧南工場のエプロン地区で各種の点検やチェックを受けているFTA-1（写真：三菱航空機）

基本的な操縦を行って、機体が正しく反応することを確認した。より具体的な空中操作としては、模擬着陸と模擬着陸復行（ゴー・アラウンド）を行っている。また、11月19日には2回目の、11月19日には3回目の飛行を行った。

FTA-1については、当初は基本的な飛行特性、飛行領域の拡張、システム試験、滑走路試験がおもな試験項目とされた。もちろんこれらのほかにもさまざまな試験に使われたが、これらがこの機体による代表的

な試験項目ということだ。その後、MRJの開発スケジュールの見直しが行われたことで、飛行試験機の役割にもかなり変更がでた。しかしFTA-1初号機が、おもに飛行領域の拡張に使われた点は、変わっていない。飛行領域の拡張試験とは、その航空機が飛行できる最大速度と最低速度および最高高度と最低高度の範囲のことである。実際に飛行試験を繰り返しながら、徐々にこれらの限界に近づけるよう飛行範囲を広げていき、計画していた速度-高度性能を

有していることを実証する作業のことだ。そして可能であれば、その範囲をさらに拡張して、性能の向上へと進めていく。

FTA-1の新規登録日は2015年10月27日。2023年3月8日にアメリカで解体されて、2023年3月16日に登録を抹消された。

◆FTA-2

FTA-2は、2016年5月31日に県営名古屋空港で初飛行した。三菱航空機では当初、5機の飛行試験機すべ

初飛行を終えて県営名古屋空港にタッチダウンしたFTA-1。後方のエアポートウォークの上には、随伴機のMU-300が見える（写真：三菱航空機）

ての塗装を異なったものにすることを計画し、このため2号機は白地の胴体に赤の曲線ラインというシンプルなデザインで完成した。初号機の初飛行とそれに続く飛行試験で、降着装置やフラップに問題が生じないことが確認できていたので、2号機は離陸後すぐに降着装置を引き込み、またフラップも上げて飛行試験に移り、着陸はフラップを着陸位置（最大下げ）にして実施した。この初飛行は約130分にわたって行われて、この間の最高速度は250ノット（463km/h）、最高到達高度は約27,500フィート（8,382m）であった。

初飛行中に実施された飛行試験の内容を少しくわしく記すと、上昇と降下、旋回などといった基本的な操縦性能の確認が主体であった。加えて、脚の出し入れ、離着陸性能の確認も行われた。

FTA-2は、各種の性能試験が飛行試験作業の主体とすることが計画されたもので、2017年6月には航空機性能の試験に加えてフラッター試験、荷重調査、周辺騒音調査などにも使われることが示された。フラッターとは、特定の条件での飛行における機体の振動の発生のことで、機体構造に影響をおよぼすような悪性のフラッターが発生しないことを確認し、フラッターが生じる場合にはその解決策を策定することが試験の目的である。

なおFTA-1とFTA-2は、垂直尾翼後縁上端から、トレーリング・コーンと呼ぶ静圧計測コーンをだせるようになっていた。このコーンは、大気圧を計測して機体周囲の圧力の位置誤差を修正するデータを集めるためのもので、飛行性能試験機が装備する。トレーリング・コーンについてはあ

とでもう少しくわしく記す。FTA-2の新規登録日は2016年5月23日で、2023年3月16日に抹消登録された。

◆FTA-3

FTA-3は、2016年11月22日に、県営名古屋空港で初飛行した。機体自体は製造番号順にFTA-4よりも先に完成していたが、地上での確認試験でより多くの項目を実施するなどしため、初飛行の順番が入れ替わって、4号機よりもあとの飛行となっている。機体の塗装は3号機と同様にシンプルなもので、3号機の赤のラインがこの機体では黒になった。初飛行の時間は約2時間4分で、最大到達高度は17,400フィート（5,034m）、最大速度は243ノット（450km/h）に達した。飛行中には主として基本的な飛行特性の確認が実施された。

このFTA-3は、主として搭載電子

2016年5月31に初飛行したFTA-2。主輪収納部に扉がないので、スリンタイヤがむきだしで見えるのがMRJの特徴の1つである（写真：三菱航空機）

2016年12月に20日にグラントカウンティ国際空港に到着したFTA-2。アメリカへの到着は、準備の都合などからFTA-4よりもあとになった（写真：三菱航空機）

機器関連の試験に用いられることになっていたが、2017年6月に行われた説明ではそれに加えて、自動操縦装置や性能の試験にも用いられると発表された。

FTA-3も、ほかのFTAと同様に、アメリカのワシントン州にある三菱航空機のモーゼレイク・フライトテスト・センター（MFC：Moses Lake Flight Test Center）に送られて飛行試験を行っていたが、2017年6月に開催されたパリ航空ショーに

アメリカへのフェリー飛行中のFTA-3。太平洋周りで日本からグラント・カウンティ国際空港に向かった（写真：三菱航空機）

三菱航空機がMRJの実機展示を決め、その展示機にあてられることになった。このためアメリカで、全日本空輸のものとほぼ同様のデザインの塗装に塗り替えられて、ショー会場に送られた。これは、ローンチ・カスタマーである全日本空輸ANA（All Nippon Airways）に敬意を表してのことで、あわせてショー会期の前日には三菱重工業、三菱航空機、ANAホールディングスの3社共同でのメディア説明会も行われた。

FTA-3は、6月15日に航空ショーの会場であるパリのル・ブールジェ飛行場に到着し、22日に会場をあとにしている。さらにFTA-3はMRJがSpaceJetに名称変更を行った直後の2019年6月のパリ航空ショーにも出品され、それに際して垂直尾翼を赤くするなどのSpaceJet塗装に変更された。FTA-3の新規登録日は2016年10月12日で、2022年3月17日に登録抹消（2022年3月14日に航空の用に供さないとされたため）された。これが、MRJ最初の抹消登録であった。なお、MRJの抹消登録の理由は、ほかの全機も同様である。

◆FTA-4

FTA-4の初飛行は2016年9月25日で、3号機よりも早い初飛行になったが。これについて三菱航空機は当時、この機体が主としてシステムおよび客室内装試験、自然着氷、寒冷地および高温環境試験、周辺騒音試験に用いられる予定で、1〜3号機とともにアメリカでの飛行試験が多くなりまた各地への移動も多くなると想定されるため早めの移動を計画し、一方で国内で行う地上試験のボリュームがもともと少なく、そのため地上試験や飛行前整備の進捗の状況の結果、3号機よりも先に初飛行したもの、と説明した。

4号機の初飛行の飛行時間は約2時間50分で、離陸、通常の降着装置の作動確認、上昇、エアデータのチェックと基本的な操縦性のチェック、操縦輪を使ってのオートパイロットの解除、エンジンの飛行中の再始動（補助動力装置を使用）、降下、降着装置の代替系統を使っての作動確認、模擬ゴーアラウンド、計器着陸方式での進入および着陸などが実施された。この間の最大高度は38,000フィート（11,582m）、最大速度は230ノット（426km/h）であった。

本来のMRJ塗装から全日本空輸風の塗装に塗り替えられたFTA-3。操縦室側方窓の後方がグレーで塗られているのは歌舞伎役者が目の周りに塗る隈取りをイメージしたもので、日本らしさをアピールするデザインであった。MRJは全機に塗られていたが、SpaceJetではなくされた（写真提供：三菱航空機）

スペースジェット塗装に塗り替えられたFTA-3の尾部。垂直尾翼には日本庭園の「枯山水」をイメージした緻密な線画が金で描かれていたが、遠くから見ると「赤い垂直尾翼」にしか見えなかった（写真：三菱航空機）

FTA-1と同じ塗装で完成したFTA-4の2016年11月22日の初飛行（写真提供：三菱航空機）

高温／低温環境の試験に使用するため、FTA-4はのちに胴体左右の塗り分けを変えた塗装が施された（写真：三菱航空機）

またFTA-4によるおもな試験項目については、2017年6月に、内装、空気システム、火災防護、環境、自然氷結、推進システムとなることが示されていた。

初期の4FTA-4の塗装は、FTA-1と同じものになっていた。次に記すFTA-5については、早い段階からFTA-3で塗られたのと同じ全日本空輸スタイルの塗装にすることが決まっていたのだが、FTA-4は基本に

戻すことになったのである。しかしFTA-4がのちに高温や寒冷地を模擬した環境試験に使われると、その機体に対する影響データ計測のために一部が変更された。FTA-4の新規登録日は2016年9月21日で、2023年3月16日に登録を抹消された。

◆FTA-5

FTA-5は、着氷状態を模擬しての飛行試験や、自動操縦装置の開発な

どに主として使う目的で製造されることになっていたものだ。そして四番目の初飛行となった飛行試験3号機が2016年11月22日に初飛行した際に三菱航空機は、これがMRJによる国内での2016年最後の飛行であり、5号機については、地上試験を実施したのち、翌年年明け以降に初飛行の予定としていた。しかし三菱重工業は2017年1月23日にMRJの開発スケジュールの変更を発表し、そ

完成し、三菱重工業小牧南工場のエプロン地区に引きだされたFTA-5。全日本空輸風塗装で仕上げられた（写真：三菱航空機）

工場内で模擬落雷試験の準備中のFTA-5。黄色の輪の部分に高圧電流を流し、機体に帯電させることで落雷状態を作りだし、搭載している機器や各種のシステムに対する調査を行う試験である（写真：三菱航空機）

胴体を製造中のMRJ70の初号機。製造番号は10008で、続く10009の2機がMRJ70として製造が計画されていたが、ともに未完成に終わった（写真：三菱航空機）

の結果飛行試験5号機は設計変更が行われる電子機器の配置や配線を確認するための地上試験機となり、当面は飛行しないことが明らかになった（結局飛行しなかった）。ただこれでは各種の飛行試験を行うには機数が十分でなくなるため、少なくとも6号機を飛行試験機として完成させることを計画して、さらに必要であればもう1機も試験機に追加することを検討した。追加される1機はMRJ90（1）と呼ばれていて、高密度無線周波（HIRF：High Intensity Radiated Fields）環境および電磁干渉（EMI：Electromagnetic interference）、そして機能および信頼性（F＆R：Function and Reliability）に関する試験が主体になることが示された。

　これらのことからわかるように、基本的な操縦性や飛行特性、性能、各種システムなどについては、1〜4号機までで基本的には終えることに

なるともされた。三菱航空機は当初、型式証明取得までに必要な飛行試験の総飛行時間について、新型旅客機の開発としては一般的な2,500時間程度としていたのだが、2017年6月の時点では3,000時間程度が見込まれると変更した。なおMRJ90（1）は結局製造されず、飛行もしないで終わっている。

◆その他の試験機

　MRJ70の初号機は、MRJの製造通算8号機となった。1〜5号機がMRJ90の飛行試験機で、当初は6号機がMRJ90の量産初号機とされていたのだが、飛行試験機が追加される予定とされて、量産初号機がどの機体になるのかにも影響がでた。ただ8号機がMRJ70の初号機であることは変わりなく、2017年4月の時点で最終組み立てに入っていた。この機体は、MRJ70の飛行試験機となるが、初飛行の予定などは明らかにされていな

かった（最終的には未完成）。

　MRJがSpaceJetに名称を変えると、製造10号機がSpaceJetM90の初号機として完成して、2020年3月18日に県営名古屋空港で初飛行した。この日14時53分に離陸して16時40分に着陸という1時間47分の飛行を行って、基本的な機体性能の確認が行われた。三菱航空機はこの機体について、最新かつ型式証明主翼可能な形態として、型式証明取得プログラムが最終段階に入ったと発表した。しかしその後SpaceJet事業自体が取りやめとなったため、これに続く機体は完成せず、最初で最後のSpaceJetM90となっている。この機体は、前記したようにFTV-10と呼ばれ、JA26MJの登録記号が与えられていて、新規登録日は2023年3月12日であり、2023年3月16日に抹消登録された。

　ここまで記したように、MRJで製

初飛行を終えて県営名古屋空港にタッチダウンするSpaceJetM90の初号機であるFTV-10（写真：三菱航空機）

表　製造リスト

製造番号	登録記号	型式	備考
90001		MRJ90	GTV-1。静強度試験機
90002		MRJ90	GTV-2。疲労強度試験機
10001	JA21MJ	MRJ90STD	FTA-1。アメリカで保管後2023年3月8日に解体。2023年3月16日に登録抹消
10002	JA22MJ	MRJ90STD	FTA-2。アメリカで保管後2023年3月16日に登録抹消
10003	JA23MJ	MRJ90STD	FTA-3。SpaceJetM90デモ機。2017年1月に解体。2022年3月14日に登録抹消
10004	JA24MJ	MRJ90STD	FTA-4。アメリカで保管後2023年3月16日に登録抹消
10005	JA25MJ	MRJ90STD	FTA-5。飛行せず未登録。日本で保管
10006	JA26MJ	MRJ90STD	SpaceJetM90の初号機。日本で保管後、2023年3月26日に登録抹消
10007	JA27MJ	MRJ90STD	未完成。未登録。JQ7001
10008		MRJ70STD	未完成。MRJ70の初号機
10009		MRJ70STD	未完成。MRJ70の初号機。MRJ70の2号機

※MRJ90STDの登録上の型式名はMRJ-200

造されたのは10号機までで、完成したのは6機で、そのうち飛行したのは5機であった（2機の地上試験機は除く）。各種の製造段階にあった機体も、MRJ90、MRJ70ともに数機あったが、完成に至らずに事業の終焉を迎えた。MRJ90/70の製造リストは、上のとおりである。

アメリカのMFCで、MRJでの慣熟飛行を行うため機体に向かう、国土交通省航空局のパイロット。この慣熟飛行は2017年9月16に実施された（写真：三菱航空機）

Ⅲ-3　飛行試験の概要

飛行試験の基本

　民間航空機の飛行試験は、最終的に監督官庁からの型式証明の交付を目標にしている。その監督官庁は機体の開発企業が属している国のものとなるので、日本の場合は国土交通省の航空局（JCAB：Japan Civil Aviation Bureau）が証明を交付する。ボーイングなどのようなアメリカの企業の民間航空機であれば、アメリカ連邦航空局（FAA：Federal Aviation Administration）がその任を負う。ヨーロッパでもイギリス民間航空局（CAA：Civil Aviation Authority）やフランス航空総局（DGAC：Directions de l'Aviation Civile）、ドイツ連邦航空庁（LBA：Luftfahrt-Bundesamt）など各国にそれに対応した機関はあるが、今日の西ヨーロッパは欧州航空安全機関（EASA：European Aviation Safety Agency）が一括してそれを担っている。またFAAとEASAは多くの基準が統一されまた協定を結んでいることから、どちらか一方の機関が型式証明を交付したら、必要最小限の審査でもう一方もその航空機に対して型式認定を交付できるようにされている。そしてほかの各国も、FAAあるいはEASA（または双方）と同様の協定を結んでいれば、同様の扱いを受けることが可能となる。

　MRJの開発飛行試験については、日本では約50年ぶりの作業となるため、JCABはFAAと緊密な連携を取り、また指導などを受けて型式審査を進めることとした。このためJCABが型式証明を交付すればほぼ無条件でFAAの証明も得ることができ、それはEASAの証明取得にもつながることにもなっていた。そして世界の多くの国が、日本と同様にFAAとEASAの証明を承認する。すなわち MRJは、JCABの型式証明が取得できれば世界中の空を飛び回ることができる条件が整うことになっていたのである。このため飛行試験の末期には、JCABやFAAのパイロットによる慣熟飛行も行われている。

各飛行試験の目的

　型式証明取得のための飛行試験は、耐空性審査要領にもとづいて行われる。これは、航空機および装備品の安全を確保するための技術上の基準を定めたもので、航空法施行規則第12条の3、第14条による付属書、関連告示、通達を収録し、各航空機、無線通信機の安全基準を規定しているものだ。その項目はもちろん多岐にわたり、審査を受ける機体はそこに示されている要件をすべてクリアしなければならない。また飛行試験のデータを計測・記録するために、

MFCを離陸するFTA-3。2019年4月5日に行われた、アメリカ連邦航空局のパイロットによる慣熟飛行時の撮影（写真：三菱航空機）

MRJ90の飛行試験機の機内。FTA1～4の機内はそれぞれ違いはあるが、各種の計測機器やシステム操作員などの席が設けられていることに違いはない（写真：三菱航空機）

フラッター試験時の写真として公表された飛行中のFTA-2（写真：三菱航空機）

機内には各種の器材が搭載されていて、MRJでも数名のオペレーター席が設けられていた。

　実際の飛行試験では、まず飛行可能領域の拡張が行われる。航空機はその設計段階で、最大速度や上昇限度などが設定されているが、初期段階では高度や速度を安全な範囲に設定して飛行し、安定性や操縦性などを確認する。そこで問題が生じなければ、段階的にそれらを上限に向けて広げてゆき、最大性能などを決定していくのである。

　これに続く初期段階での重要な試験が、失速試験、フラッター試験、荷重試験、速度較正試験だ。

　失速試験では、まず設定されている失速に入る境界の飛行条件で飛行を行い、その解析結果にもとづいて徐々に飛行速度を落とすとともに飛行迎え角を大きくしていき、機体を実際に失速させる。この際、ある飛行速度と迎え角になった時点で迎え角が減少し（すなわち機首下げが起きる）、また高度が低下するという失

速現象に入る。この作業を何度も繰り返すことで、飛行特性としての失速速度を確定することができる。また失速前後での機体の挙動（速度・高度の変化、操縦性の変化、機体に生じる振動など）の調査も行って、失速に入る可能性の事前感知や、失速後のパイロットの対応法なども決定していく。

　フラッター試験は、失速試験とは逆に、飛行性能の限界を確認する試験だ。フラッターとは、主翼や尾翼といった翼面が、高速飛行に直面した際に翼面を通過する空気の速度が速くなるとともに、圧力（動圧という）が高くなったときに、翼面に働く力と翼構造の弾性変形が相互作用する結果、震動が激しくなる現象のことで、このフラッターが一定の限界（動圧の限界）を超えると、振動が発散して最悪の場合翼面の破壊に至る。航空機の実際の運航においてこうした危険な事態に遭遇しないよう、その限界速度（フラッター速度）を確認するためにフラッター試験が実

施される。フラッター発生の条件は、飛行速度、飛行高度、機体重量などいくつものパラメーターで変化するので、それらを包括できるよう、さまざまな飛行条件や機体条件（重量や重心位置）について非常に多数の試験が行われる。

　荷重試験は、メインは先に記した2機の地上試験機により行われて、実際の飛行試験で究極加重がかけられることはない。ただ一定の荷重までは高荷重飛行を行って、通常の旅客機の運航範囲でかかる荷重であれば問題が生じないことが確認される。飛行中の航空機は、機体周辺の気圧を計測することで速度や高度を算出している。ジェット旅客機も含めて、高速で飛行する航空機周辺の空気の流れは非常に複雑であり、このため圧力の計測も計測センサーであるピトー管の取りつけ位置や角度により変化し、正しい気圧が得られない場合がある。MRJも機首部左右にピトー管をはじめとするいくつかの大気センサーがあるが、飛行姿勢に傾

MRJ90の機首部左右には、ピトー管や迎え角ベーンなどいくつものセンサーがついている（写真：青木謙知）

きがあるなどすればその計測値にバラツキが生じることになる。

　このため飛行試験の初期段階で、ピトー管での気圧計測値の正確さを検証する作業が行われる。この速度に関する試験が、速度較正試験と呼ばれるものだ。これに用いられる装具がトレーリング・コーンである。多くの場合、垂直尾翼の上端後縁部に装着されている。MRJも例外ではなく、FTA-1とFTA-2がその場所に

装着し、使用する場合には先端に円錐形をした小さなコーンをつけたワイヤを、後方に伸ばして飛行する。このコーン部が圧力計になっていて、後方遠くに伸ばすことで機体周辺の空気流による影響を受けることなく大気の圧力を計測し、それをピトー管の動圧と比較することで同様の値になるようピトー管の取りつけ位置や角度などを調節する。もちろんこれにはトレーリング・コーンに

よる計測値が正確であることが前提となるため、試験機はまずトレーリング・コーンを伸ばして低高度の飛行通過を行い、地上の高い位置に設置された気圧計との計測値を比較して、その正確さを確認しておく。ちなみにMRJではこの地上気圧計との比較作業は、石川県ののと里山空港で実施した。

　この速度較正試験もまた、飛行条件などをさまざまに変化させて繰り

TA-4の随伴を受けて着陸するFTA-2。小さくて見えにくいが、トレーリング・コーンをだしている（写真：三菱航空機）

返し実施される。そして飛行試験の早い段階で、ピトー管とトレーリング・コーンの値が一致するピトー管の位置や角度を把握して、その後の試験作業に進めるのである。

航空機にとって飛行安全上の1つの大敵が、着氷である。MRJのような短距離機は10,000mに達するような高度を飛行することはほとんどないが、それでも8,000m程度まで上昇することは少なくない。国際標準大気では、高度0mでは気圧が1,013hPaで気温が15.0℃と定められている。それが高度8,000mでは気圧は375hPa、気温は−33℃まで下がるので、機体に濡れている部分があるなどしたらそれが氷結し、着氷状態を生みだす。着氷が発生しやすい場所の1つが翼の前縁で、ここで着氷が起きると本来の翼型が維持できなくなり、またそこを通る気流に乱れ

トレーリング・コーンを伸ばして
MFCを離陸するFTA-1（写真：
三菱航空機）

氷結試験で主翼前縁に着氷状態
を作りだして飛行するMRJ（写真：
三菱航空機）

を生じさせるため、本来得られるは
ずの空力特性が得られなくなり、安
定性や操縦性の劣化を招いて飛行の
安全性に影響をおよぼすことにな
る。またこのほかにも、センサー部に
着氷が発生すれば、正確なデータが
得られないなどの問題が起きる。

　MRJでは2017年2月にアメリカの
イリノイ州のシカゴにある空港を拠

点にして、機体の各部に氷が付着す
る雲の中をあえて飛行し、自然着氷
試験を実施した。どの部分にどのよ
うに、そしてどの程度の大きさの氷
が付着するかを調査するとともに、
飛行におよぼす影響を確認する作業
を実施した。そして目標として設定
した着氷状態を探索しながら数回の
飛行を行い、所望の着氷環境の条件

下でも安全に飛行を継続できること
を確認している。

MRJの飛行試験作業

　ここからは、写真を主体にして
MRJの飛行試験作業のいくつかを見
ていくことにする（写真はいずれも
三菱航空機）。

冬期のモーゼスレイク・フライトテスト・センター（MFC：Moses Lake Flight Test Center）で、氷結した滑走路を使っての離着陸試験を行うFTA-1。MFCについては以降で記すが、アメリカのワシントン州にあるグラント・カウンティ国際空港の一角を三菱航空機がアメリカにおける飛行拠点としたものである。

この飛行場は第二次世界大戦中の1942年11月24日に、アメリカ陸軍のパイロットの養成訓練用のモーゼスレイク陸軍航空基地として開設されたもので、ロッキードP-38ライトニング戦闘機やボーイングB-17フライング・フォートレスの搭乗員を排出した。戦後の1966年にはアメリカ空軍がラーソン空軍基地として運用し、初期には防空コマンドのノースアメリカンP-82の部隊が、のちには戦術航空コマンドの戦闘機部隊などが配置された。またほぼ時を同じくして、民間の国際空港としての運用も始められた。

日本人にとっては、日本航空が自社養成パイロットの訓飛行場と使用していたことから、飛行機ファンの間では名称が耳になじんでいた飛行場でもある。なお日本航空による訓練飛行場としての使用は、2009年3月に終了している。

同じくMFCで行われた積雪状態での走行試験。すでに作業は終了していて、前脚車輪に車止めが差し込まれている。冬期のMFCは、自然積雪環境下での各種試験の実施には事欠かなかったようだ。

冬期とは逆の、真夏の高温環境下で行われたFTA-4による離着陸試験。アリゾナ州の飛行場で実施されたもので、一般的に高温環境下ではエンジンの運転効率が低下して離着陸滑走距離が延びるため、こうした環境下での試験は不可欠である。

横風着陸試験の様子。航空機は向かい風で着陸するのが基本だが、風向きはその時々によって変化し、常に向かい風状態が得られるわけではなく、時には強い横風状態での着陸となることがある。
着陸が可能な横風の強さを定めるのがこの試験の目的で、機体は滑走路に対してまっすぐではなく、蟹の横ばいのように飛行して着陸する。こうした飛行技術は、クラブ（蟹）進入あるいはクラブ着陸などと呼ばれる。

最大制動着陸試験の様子。エンジンのスラストリバーサー（逆推力装置）をフルに使用し、また主輪にフルブレーキをかけて最短距離で停止する試験である。

飛行試験ではないが、貨物室で火災が発生するなどした場合の排煙試験。短時間で、コンパートメントから煙を一掃できたことが確認された。

県営名古屋空港の概要。空港ビル側にフジドリームエアラインズが使用している民間航空用エプロンがあり、滑走路を挟んだ反対側（奥）は航空自衛隊小牧基地である（C-130Hが見える）。写真の右手側に、三菱重工業小牧南工場がある（写真：青木謙知）

Ⅲ-4　試験施設

MRJの試験場

　MRJの各種試験の拠点は、まず三菱重工業の小牧南工場に置かれた。機体はすべてこの工場で完成するのだから当然のことであり、P.80で記したように、2機の地上での強度試験機の作業に使用するMRJ技術試験場もここに建設された。ただ、飛行試験は工場で行うものではなく、どこかにそのための空域を確保し、またそことの行き来などに使用する飛行場も必要となる。加えて飛行試験で得られたデータの解析などを行う施設も必要になるし、試験の最中に機体への改修などが必要となればそれを実施できる場所も不可決である。これらを相互的に判断して三菱航空機は、国内の飛行試験の拠点飛行場を、小牧南工場に隣接する県営名古屋空港に決定した。工場内には各種の施設・設備を設けることができるし、飛行試験機の整備・修理・改修といった作業もすぐに実施でき

る。

　1つ問題となるのは、県営名古屋空港は滑走路が1本であり、それを民間航空の定期便と航空自衛隊が共用していることである。民間航空の定期便は、フジドリームエアラインズのみの使用であるが便数は決して少なくない。時期によって運航路線は変わるが、札幌（丘珠）、青森、花巻、山形、新潟、出雲、高知、福岡、熊本への路線が設定されているので、運航便数は多い。航空自衛隊は第1輸送航空隊がホームベースとしていて、C-130Hハーキュリーズ輸送機（給油型KC-130Hを含む）装備の第401飛行隊とKC-767空中給油機装備の第404飛行隊が配備されている。

　また航空自衛隊の輸送機部隊は毎日、全国各地の基地を結ぶ「定期便」を運用していて、もちろん小牧基地もその拠点基地の1つになっている。加えて、救難部隊の要員を訓練する救難教育隊（U-125AとUH-60Jを装備）も所在しているので、航空自衛

隊側の日々のフライトも、民間の定期便に負けず劣らずの数になる。

MRJの飛行試験空域

　空港と同様に、飛行試験を行う空域にも問題があった。ひんぱんに新型航空機を開発していない日本には、開発航空機専用の試験空域は設けられていない。そこで三菱航空機は防衛省との協議で自衛隊の訓練空域を必要に応じて使わせてもらうこととした。

　自衛隊の訓練空域は、北海道から四国南方および九州西方まで大きく10カ所に分けて設定されていて、アルファベット一文字で空域名がつけられている。そのなかでもっとも広いのが能登半島北方の日本海上空に設定されている「G（ゴルフ）」空域で、航空自衛隊の戦技競技会など大規模な訓練・演習にも使われるので、有名な空域でもある。そして空域が広いということは、さまざまな

図　県営名古屋空港の見取り図

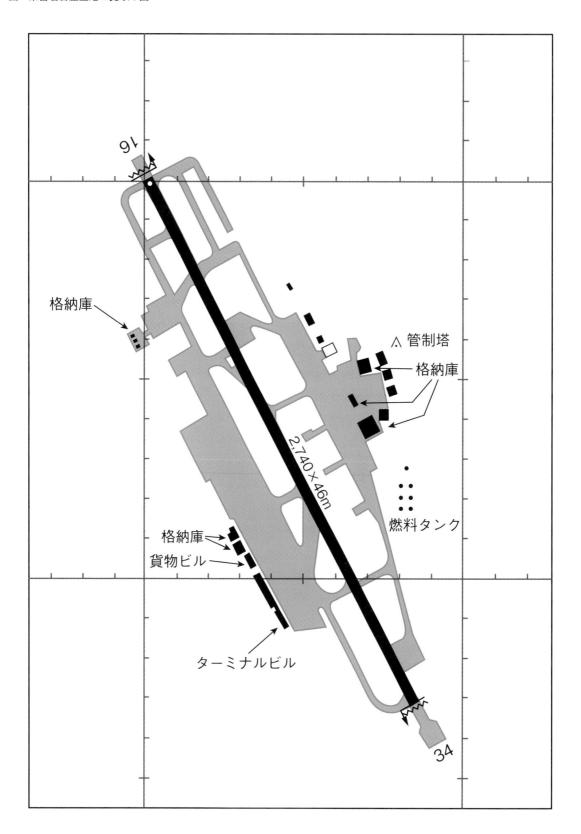

県営名古屋空港を飛び立ち、日本海の飛行試験空域に向かう途中に日本アルプス上空を飛行するFTA-1（写真：三菱航空機）

飛行を行う開発試験にも向いており、加えて県営名古屋空港からもそれほど遠くはない。こうした点から国内での飛行試験の多くが、G空域で実施された。

また県営名古屋空港から近いという点では、知多半島南方のK（キロ）空域があり、G空域ほどの広さはないが、その利便性からこちらもかなり使用されている。他方、G空域の使用に際しては、近隣空港ということで石川県にあるのと里山空港も発着飛行場として使われていた。

アメリカでの飛行試験拠点

このようにMRJの飛行試験作業では、たとえば県営名古屋空港／小牧基地との調整が常に必要となり、訓練空域の使用ではその日時や範囲などを調整しなければならず、飛行試

験は、空域と飛行場の双方の隙間を縫って行うことになり、思うようには試験が進められないという難題が、当初からあった。

そこで解決策として採られたのが、飛行試験の拠点を、広大な空域があるアメリカに置くということであった。その場所に選ばれたのが、アメリカ北西部のワシントン州でシアトルの郊外になるグラント・カウンティにあるグラント・カウンティ国際空港であった。モーゼスレイク飛行場としても知られるこの場所に三菱航空機は、アメリカにおける開発飛行試験の拠点として、モーゼスレイク・フライトテスト・センター（MFC：Moses Lake Flight Test Center）を設置した。

この飛行場は敷地面積が約4,650エーカー（18.8km²）あって、比較的内陸に位置した山岳地に近いことか

ら風向きの変化が多い。このため長短あわせて5本の滑走路が設置されている。このうちいちばん長い磁方位14L/32Rは滑走路長が13,500フィート（4,116m）でアメリカ国内で17番目に長いものとなっている。このためスペースシャトルの地球帰還時の予備滑走路にも指定されていたが、実際にはカリフォルニア州のエドワーズ空軍基地が使用不能になる可能性はまずなく、この滑走路がスペースシャトルの着陸に使われたことは一度もなかった。

三菱航空機ではMFCの飛行場について、次の利点を挙げていた。

・長く幅の広い滑走路
・少ない交通量
・広大な空域
・1日24時間／週7日の支援態勢
・飛行試験作業に慣れている

G空域の日本海上空を飛ぶFTA-1（写真：三菱航空機）

図　自衛隊の訓練空域

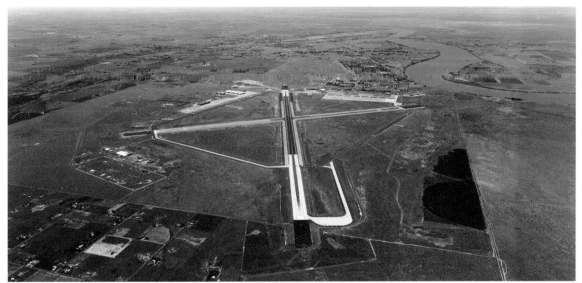

グラント・カウンティ国際空港の上空からの写真（写真：アメリカ連邦航空局）

図　グラント・カウンティ国際空港の見取り図

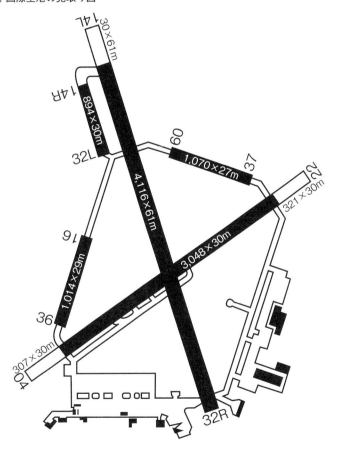

とはいっても、天候などどうしようもない問題はあり、たとえば2016～17年にかけての冬は異常な降雪に見舞われて、飛行試験作業が滞ってしまった。ただそれも春がくるとそれは解消され、2017年6月の説明では、MFCでの飛行試験作業は順調に進展していて、飛行の割合も初期に

MFCからのソーティに向けて並んでタキシングするMRJ（写真：三菱航空機）

MFCの格納庫（写真：三菱航空機）

MFCのディスパッチ・ルーム（写真：三菱航空機）

比べると3倍改善されており、98.0％の出発信頼性を記録しているとのことであった。

MFCには、運営を管理するディスパッチ・ルームやリアルタイムで飛行中のデータを取得するなどができるテレメトリー・ルームなどがあって、飛行試験のオペレーションを支えた。大型の格納庫にはMRJ90を4

2016年9月28日に、MU-300の随伴を受けてグラント・カウンティ国際空港に到着したFTA-1。このMU-300（登録記号N644JP、製造番号RJ-7）はこの当時、三菱重工業アメリカが所有していたもので、垂直尾翼はMRJ風に塗られていた（写真：モーゼレイク港湾局）

雪の残るMFCのエプロン地区に並んだ3機のMRJ。左からFTA-1、FTA-2、FTA-4である（写真：三菱航空機）

機収めることができ、さらに最大で6機の格納能力も検討されたが、配備機数が4機を超えることはなかった。

なおMRJの飛行試験作業中にトラブルは、ほとんど発生しなかった。もっとも大きかったトラブルは、2017年8月21日に、FTA-2の飛行試験作業中に第1エンジンがフレームアウトを起こしたため緊急着陸したという件である。

この日、ワシントン州モーゼスレイクのグラント・カウンティ国際空港を現地時間の14時ごろ離陸して飛行を行っていたところ、16時20分ごろに、ポートランドから約90海里（167km）の太平洋上の訓練空域の高度約5,500フィート（1,676m）で第1エンジンが停止したため、ポートランド国際空港に緊急着陸することとして、17時12分に着陸した。初期の

ボアスコープ（内視鏡）による点検では、エンジン内部で特定できない破損が起きていたとされた。エンジンを供給しているプラット＆ホイットニーは、専門家チームを派遣して三菱航空機とともに原因を調査することとし、原因が特定でき対応がとられたあと、MRJは飛行を再開しているが、飛行試験作業は一時的に中断となった。

MFCに最初のMRJ90（FTA-1）が到着したのは現地時間2016年9月28日、そして飛行試験の開始は同年10月17日であった。ワシントン州は新型コロナウィルス感染症（COVID-19）のパンデミックにより厳しい行動制限をとった州の1つで、MFCもその影響はまぬがれず、MRJ/SpaceJetの開発業を遅らせた要因の1つになった。そして

SpaceJetの開発中止が決まったことで、MFCは2023年3月に閉鎖となっている。

フェリー・フライト

MRJのモーゼスレイク飛行試験センターに移動するフェリー飛行は、2016年8月27日に開始されて1号機が県営名古屋空港を離陸したものの、機体に不具合が発生したため戻り、翌日も同様に不具合により離陸したものの県営名古屋空港に戻ったため、フェリー飛行自体が少し延期されることになった。最終的に1号機がアメリカに向かったのは9月26日で新千歳空港、ロシアのエリゾヴォ空港、アメリカのアンカレジを経由して、28日にグラント・カウンティ国際空港に到着した。

2016年9月28日のグラント・カウンティ国際空港到着時に放水アーチのセレモニーによる歓迎を受けるFTA-1（写真：三菱航空機）

グラント・カウンティ国際空港へのフェリーに際して、グアム島のグアム国際空港で撮影されたFTA-2（写真：三菱航空機）

フェリー・フライトの経由地であったマジュロ国際空港におけるFTA-2(写真:三菱航空機)

フェリー・フライトでグラント・カウンティ国際空港に近づくFTA-3(写真:三菱航空機)

　続いて11月15日には4号機のフェリーが行われ、今度は太平洋回りでグアム国際空港、マジュロ国際空港、ホノルル国際空港、サンノゼ国際空港を経由して、19日に到着している。さらに12月14日には2号機のフェリーも行われて、経路は4号機と同じ太平洋周りで、20日にグラント・

カウンティ国際空港に着陸した。2017年に入ると、3月13日に3号機のフェリー飛行が開始された。経路は同様に太平洋回りであったが、ホノルル国際空港を離陸したのちに油圧システムで作動油漏れが発生したため同空港に引き返し、修理後に再出発して、グラント・カウンティ国

際空港への到着は4月1日になっている。
　三菱航空機は当初から、アメリカを拠点に飛行試験作業を実施するのは4機としていてFTA-5は日本国内で飛行試験を行うとしていたので、これですべてのフェリー飛行を終えたことになった。なお、MFCでの飛

2017年10月17日（日本時間では18日）に行われたMFC最初の飛行で離陸するFTA-1（写真：三菱航空機）

行活動は前記のとおり、アメリカ西海岸時間の10月17日（日本時間18日）に開始された。この最初の飛行でFTA-1は、モーゼスレイク近隣の飛行空域を約3時間半にわたって飛行し、同空港に着陸した。

アメリカでの環境試験

アメリカで行われたもう1つの重要な試験が、極寒および酷暑で機体の機能などを試し確認する環境試験である。この試験は、そのような条件が整う飛行場などで実際に行うものであるが、MRJではそれに先立って、屋内施設でも試験が行われた。屋内施設は、自然環境とは異なり希望する条件（気温や湿度など）を作りだし、またそれらを必要な時間維持し続けることを可能にする。そしてその間にシステムの作動確認や停止／再始動など、予定している項目をこなし続けることができる。

この作業に選ばれた施設が、フロリダ州のエグリン空軍基地内にあるマッキンリー気象研究所で、同研究所の第96試験航空団の環境チャンバーを使って、FTA-4により2017年2月28日から3月17日にかけて作業を行った。この環境チャンバーは、気温48.9℃から－14.4℃の環境を作りだし、また風や霧、雨、湿度などについて各種の気象条件を作りだすこと

フロリダ州エグリン空軍基地にあるマッキンリー気象研究所の環境チャンバーに搬入されるFTA-4（写真：三菱航空機）

環境チャンバー内での高温環境試験の様子 (写真：三菱航空機)

環境チャンバー内での極寒環境試験の様子 (写真：三菱航空機)

ができ、FTA-4はさまざまな人工気象環境下に置かれて、試験を受けた。

この施設は、基地の中にあることからもわかるように、本来はアメリカ空軍の施設で、空軍と海軍／海兵隊の最新鋭戦闘機であるロッキード・マーチンF-35ライトニングIIの開発でも、ここで環境試験が行われた。また、民間機の開発に対しても施設を貸すことはめずらしくなく、三菱航空機もここを使用することにしたのである。

テクニカル
ガイダンス

（写真：青木謙知）

Section Ⅳ
テクニカルガイダンス

エンジンや飛行操縦装置、コクピット、客室配置をはじめとするMRJの機体各部の特徴を解説する。
最後には、SpaceJetの概要も記しておいた。各タイプの諸元表も含めた。

Ⅳ-1　飛行操縦システムとコクピット

FBW飛行操縦システムの基本

　MRJ/SpaceJetの飛行操縦システムは、デジタル・コンピューター制御で3重の冗長性をもたせたフライ・バイ・ワイヤ（FBW：Fly by Wire）システムである。一次飛行操縦翼面はピッチ操縦をつかさどる昇降舵、ロール操縦をつかさどる補助翼、ヨー操縦をつかさどる方向舵で構成されていて、昇降舵は水平尾翼後縁部にあって上下に動き、補助翼は主翼左右後縁外翼部にあってやはり上下に動いて、方向舵は垂直尾翼後縁で左右に動く。加えて二次操縦翼面として左右主翼上面外側に多機能スポイラーがあり、飛行中にはエア・ブレーキ/リフト・ダンパーとして機能するほか、ロール操縦で補助翼を補佐する。内側のグランド・スポイラーは、地上でスピード・ブレーキとなって、滑走距離の短縮に貢献する。

　各操縦翼面は複数用意されているので、1舵面の故障による完全な機能喪失を防ぐことができる設計になっ

図　MRJの飛行操縦翼面

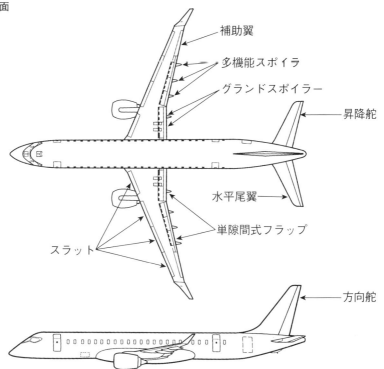

補助翼
多機能スポイラ
グランドスポイラー
昇降舵
水平尾翼
単隙間式フラップ
スラット
方向舵

上から見た、工場内で製造中のMRJの初号機。主翼や尾翼の飛行操縦翼面がよく見てとれる（写真：三菱航空機）

ている。方向舵だけは1舵面であるが、左右エンジンの推力調整によりヨー操縦を補完することが可能だ。

近年の飛行操縦システムは高度化を続けていて、部品点数の増加を引き起こすとともに、システムの信頼性低下を引き起こしかねないという問題を内包するようになってきている。従来から、信頼性の向上にはシステムの重複化、すなわち冗長性の確保が用いられてきていて、FBW飛行操縦システムでは中核を成すセンサーやコントローラーにも冗長性の思想が採られている。センサーやコントローラー1基あたりの平均故障間隔はおおよそ10,000時間程度といわれているので、故障の発生率は1時間あたり10のマイナス4乗になる。

図 操縦システム・アーキテクチャー

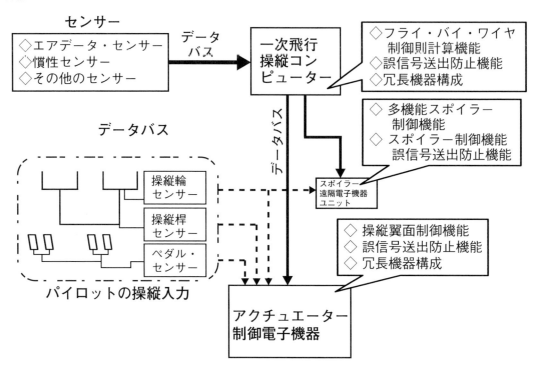

航空機事故で多数の死者をともなう重大事故の発生では、故障発生確率が10のマイナス9乗といわれ、航空機の安全性確保にはそれ未満の発生率が求められるので、三重以上の冗長性を備える必要があることになる。MRJを含めて、FBW旅客機の飛行操縦システムが三重になっているのは、こうした思想にもとづいているのだ。

MRJの飛行操縦システム

MRJの飛行操縦システム・アーキテクチャーは図に示したとおりで、中核を成す一次飛行操縦コンピューターは三重機器構成となっていて、いくつかの偶発故障が発生しても操縦に対する影響を抑えるシステムとなっている。さらに1つの一次飛行操縦コンピューターの内部は、互いに出力を監視しあう2レーン構成が採られていて、なんらかの故障が発生してもコンピューター内で故障を検出し、外部への間違った情報送出を防ぐ機能を有している。これにより、単一故障での舵面の異常挙動を防ぐことが可能となる。

最終的に舵面を制御するのはアクチュエーター制御電子機器で、これに対しては複数の独立したチャンネル舵面を制御することで、機体全体の姿勢および操縦制御機能としての冗長性を確保している。アクチュエーター制御電子機器は計4チャンネルからなり、各チャンネルの内部は2レーンで構成されているので、一次飛行操縦コンピューターと同様に単一故障による舵面の異常挙動を防止する設計になっている。また左右主翼にある3組の多機能スポイラーのうち1組は、アクチュエーター制御電子機器とは異なるスポイラー遠隔電子機器ユニットによる制御にして、独立性が高められている。

なお、冗長システムの利点を活か

し、システムの信頼性を向上させるには、故障の検出／同定／分離を確実にすることが肝要であり、それを実現するためにボーティングと呼ぶ多数決論理（ロジック）が用いられることが多い。ボーティング・ロジックを用いれば、三重の冗長性ならば2つが示した情報を正確なものとして採用できる。これが二重冗長性であったら、双方が一致しないかぎり正しいデータが得られていないことになる。実際のボーティングによる処理のロジックには、異常信号を分離する際のトランジェント挙動を抑制するための中間値選択処理や各種のフィルターの装備などが必要となり、これが開発側のノウハウとなって蓄積されていく。

MRJのその他のシステム

飛行操縦翼面の作動には、油圧システムが使われている。作動油圧は

主翼外翼部後縁の補助翼。通常は左右反対で上下に動いてロール操縦に使用する（写真：青木謙知）

主翼内翼部後縁のフラップ。システムの簡素化と重量軽減、そして騒音低下のため、簡素な単隙間式のファウラー・フラップになっている（写真：青木謙知）

従来どおりの20.7MPaで、近年よく使われるようになった27.6MPaや34.5MPaといった高圧システムではない。作動油圧を高圧にすればアクチュエーターの小型化や配管を細くすることが可能となって機体の軽量化につなげられるが、新しい高圧システムの開発には経費を要する。そしてMRJのような小型旅客機では大型機ほどの高圧化による重量減少は見込めないため、開発に手間と経費のかからない従来型のシステムとしたのである。

　主翼後縁のフラップは、比較的簡素な単隙間式で、このタイプになった理由はP.36で記したとおりだ。フラップの位置は0度（上げ）位置のほかに10度、20度、25度、30度の4カ所の下げ位置がある。このフラップと主翼前縁のスラットが高揚力装置を構成していて、前縁スラットは飛行速度と後縁フラップの位置に対応して自動的に上げ下げを行う。主翼端のウイングレットはもちろん固定式で、わずかに外側に向けた傾き角をもって取りつけられている。

　水平尾翼は、全体が動くことで取りつけ角が変化してピッチ・トリムを取るトリム調節型水平安定板（THS：Trimmable Horizontal Surface）である。

MRJのコクピット

　MRJのコクピットは、機長と副操縦士が乗り組む2人乗務の設計で、計器システムにはアメリカのロックウェル・コリンズ社が開発した、プロライン・フュージョン電子飛行計器システム（EFIS：Electronic Flight Instrument System）を使用している。正面の主計器盤には、横一列に、

左右主翼端にあるウイングレット。翼端部から発生する誘導抗力を減らして、巡航飛行効率を改善するのが目的のものだ（写真：青木謙知）

水平尾翼の取りつけ部。THSになっていて、胴体に水平と上げおよび下げ位置の印がつけられている（写真：青木謙知）

15インチ（38.1cm）の横長大画面カラー液晶表示装置が4枚並び、その中央に小さなバックアップ画面と、降着装置の操作レバーがある。操縦操作装置は、U字型のグリップをもつ通常の操縦輪で、パイロットの正面にあって、サイドスティックなどではない。

　三菱航空機では、この種の機種を運航する地域航空会社では在来型の操作装置を望む声が強かったとして

おり、これはライバル機種を開発している各社も同様で、ロシアのスホーイ・スーパージェット100（SSJ100）を除けば、カナダのボンバルディア（CRJシリーズ）やブラジルのエンブラエル（E/E2ジェット）、中国のCOMAC（ARJ21）もすべてサイドスティック機ではないので、MRJも標準的であったといってよい。しかし今日では、サイドスティック式にした旅客機の機種は増えていて、ボ

ンバルディアCシリーズ（現エアバスA220）やイルクートMC-21といった機種が作られている。世界市場だけでなく、日本国内でもエアバスの旅客機が増えてサイドスティック旅客機が増加しているのは確かで、日本で航空会社のパイロット志望者を養成する航空大学校でも、新しい訓練機として導入したシーラスSR22は、サイドヨークと呼ぶ操縦桿を備えて、サイドスティック操作対応型

ロックウェル・コリンズのプ
ロライン・フュージョン操縦
室の実大模型。薄くなって見
えにくいが、機長席側に上方
折り畳み式のHUDがある
（写真：青木謙知）

MRJ 3号機の操縦室全景。小型
機でありながら広いスペースを確
保した設計になっている
（写真：青木謙知）

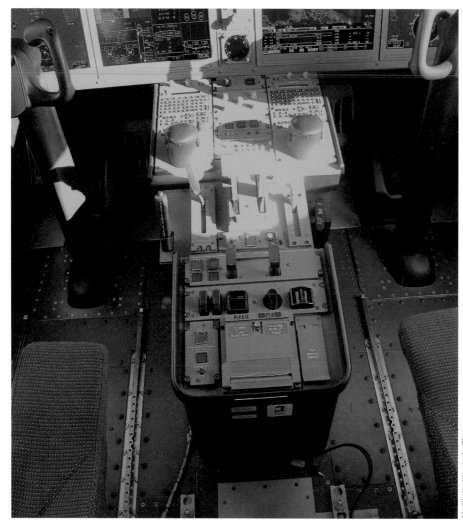

操縦室左右座席の間にある中央
ペデスタル。フラップやスピード・
ブレーキの操作レバー、グリップ
式カーソル操作装置などが配置さ
れている。右側の赤いグリップは、
非常時脚下げレバーだ（写真：青
木謙知）

といえるものになっている。設計された時期などはもちろん考慮する必要はあるが、今の目で見ればMRJ/SpaceJetの操縦操作装置は時代遅れのものに映る。

コクピットの表示装置としては機長席側にのみ、目の位置の正面にヘッド・アップ・ディスプレー（HUD：Head Up Display）と呼ぶ投影表示装置の画面がある。速度や高度、飛行姿勢、飛行方位などの基本飛行情報を示すもので、計器を見ることなしにそれらの情報が得られる便利な装置だ。ただこのHUDはオプション装備品であり、また投影装置を設置するスペースがないため、副

操縦士席には装備できない。なおHUDは、不要なときには前方上に曲げて収納しておくことができる。

コクピット設計での 大きな特徴

MRJのコクピット設計での大きな特徴なのが、主計器盤の上にある自動操縦装置の操作パネルを極力薄くしたことだ。小型機のMRJで、大型旅客機と同様のパネルを設けると、厚くなりすぎてパイロットの前方下方視界を狭めてしまうことになってしまう。ただその一方で、このパネルに備える操作装置は、どのような機

種でも基本的に変わらないため、それらを収めつつ、できるだけ薄く仕上げたのである。

機長席の前方左脇には、前輪の操向ハンドルであるステアリング・ティラーがついているが、これも副操縦士席にはない。なお走向操作は、方向舵ペダルでどちらの席からでも行うことができる。

機長席と副操縦士席の間には中央ペデスタルがあり、またコクピット中央の天井にはオーバーヘッド・パネルがある。中央ペデスタルの中央には、エンジンの推力を制御するパワー・レバーがあって、その左（機長席）側にスピード・ブレーキの操作

オーバーヘッド操作パネル。以前の旅客機では多くのスイッチ類が配置されていたが、近年の機種は電子化により大幅に簡素化されている（写真：青木謙知）

MRJの操縦操作装置は、従来型のU字型操縦輪である。機長席（左席）の左脇前方には前脚操向操作用のステアリングティラーがある（写真：青木謙知）

レバーが、右（副操縦士席）側にはフラップ操作レバーがある。フラップ操作レバーには0度、5度、10度、15度、20度、25度、30度の位置が設けられていて、スピードブレーキレバーには閉と全開、そしてその中間に1/2開の3位置がある。空力的なブレーキは、着陸時にはエアブレーキとして機能するので、着陸後に立ち上げることで、エンジンのスラストリバーサー、車輪ブレーキとともに、機体を制動する。ペデスタル最前方左右には、グリップ式のカーソル操作装置があり、画面内のカーソルをパソコン間隔で操作できるようになっている。

オーバーヘッド・パネルには、各種のシステムの操作パネルが配置されていて、あわせてシステムの試験パネルもある。赤のガードがついたスイッチは、緊急時に使用するためのスイッチで、同様に緊急時に作動させる操作用押しボタンには赤で枠がつけられている。新世代の旅客機は、電子式サーキット・ブレーカーを装備していて、MRJも同様だ。これにより、オーバーヘッド・パネルのほぼ半分を占めていたサーキット・ブレーカーがなくなって、パネル全体がすっきりしたものになった。

プロライン・フュージョンの画面表示は、現在はこれまでのグラス・コクピットと同等の、一次飛行表示と航法表示、そしてシステム表示になっている。ただロックウェル・コリンズでは将来に向けて新しい表示フォーマットの研究開発も行っているが、それについては割愛する。

MRJ90用のプラット＆ホイットニー・ピュアパワーPW1200G。新世代のGTFエンジンで、MRJが最初に装備を決めた（写真：三菱重工業）

IV-2　GTFエンジン

GTFエンジンの概要

　プラット＆ホイットニーは2006年に、次世代の単通路ジェット旅客機用の新エンジンとして、推力110〜160kN級のターボファンの開発を計画し、それをギアード・ターボファン（GTF：Geared Turbofan）と呼ぶ形式のものにすることを考えた。GTFは、2軸式ターボファン・エンジンの低圧回転軸の先端に減速用歯車（ギア）をつけて、それを介して、エンジンの最先端部についてある空気吸入のためのファンを回転させるというものだ。

　通常のターボファンは、低圧タービンにより駆動される低圧軸でファンと低圧圧縮機を回しているので、ファンと低圧圧縮機の回転数が同じになる。それがGTFでは、減速ギアによりファンの回転数を低下させら

れるのである。逆にいえば、低圧圧縮機がファンよりも高速で回転できることになって、エンジンの運転効率を高められることになる。このようなエンジン機構の理論自体は1980年代からあり、アメリカのアブコ・ライカミング（現ハニウェル）ALF502や、同じくアメリカのギャレット・エアリサーチ（現ハニウェル）TFE 731が実用化されている。

　プラット＆ホイットニーが計画したGTFも、メカニズムの面ではこれらと大きくは違わないが、その間のエンジン技術の進歩を取り入れた、より近代的なものにするとして、2001年3月16日に試作エンジンの初運転を行った。

　このGTFに強い関心を示したのが三菱重工業で、計画していたジェット旅客機（MJ）のエンジンとしての採用を2008年10月9日に決定して、

このエンジンの開発開始顧客（ローンチ・カスタマー）となり、ピュアパワーPW1000Gシリーズの名称で開発・製造が着手されたのである。

ピュアパワーPW1000Gの各タイプ

　ピュアパワーPW1000Gは、多くの機種での採用を目指して広い推力範囲で開発されることとなって、次の各タイプがある。

　エンジンの型式名は開発順に100番単位の番号で区切られ、推力、ファン直径、バイパス比などが異なっている。

◇ピュアパワーPW1100G-JM

　推力110〜160kN、ファン直径2.06m、バイパス比12.5。エアバスA320neoファミリー用

図　2軸ギアード・ターボファン・エンジンの基本構造

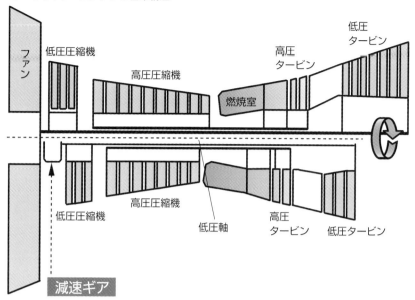

◇ピュアパワーPW1200G

　推力69〜78kN、ファン直径1.42m、バイパス比9。MRJ70/90用

◇ピュアパワーPW1400G

　推力110〜160kN、ファン直径2.06m、バイパス比12.5。イルクートMC-21用

◇ピュアパワーPW1500G

　推力85〜104kN、ファン直径1.85m、バイパス比12。ボンバルディアCシリーズ（現エアバスA220）用

◇ピュアパワーPW1700G

　推力67〜76kN、ファン直径1.42m、バイパス比9。エンブラエルE175-E2用

◇ピュアパワーPW1900G

　推力76〜102kN、ファン直径1.85m、バイパス比12。エンブラエルE190/195-E2用

　コア・エンジンの基本的な構成は

どのタイプも同じだが、一部で圧縮機やタービンの段数が異なっているものがある。また、ピュアパワーPW1300Gは、欧米では「13」が忌み数字であることから、飛ばされている。最初に型式証明を得たのはピュアパワーPW1500Gで、2013年2月20日にカナダ運輸省から証明が交付された。

MRJ用ピュアパワーPW1200Gの組み立てと試験

　MRJ/SpaceJet用はピュアパワーPW1200Gで、細かな型式名称ではさらに下2桁におおよそのエンジン推力（ポンド）の上2桁がつけられ、MRJ70用はピュアパワーPW1215G（15,600ポンド＝69.4kN）、MRJ90用はピュアパワーPW1217G（19,190ポンド＝85.4kN）となっている（推力はともにカタログ上の最大数値でMRJ/SpaceJet用の推力ではない）。コア・エンジンの構成は、ファンに続いて低圧圧縮機が2段、高圧圧縮機が8段、高圧タービンが2段、低圧

タービンが3段になっている。

　このピュアパワーPW1200Gは、2017年5月31日にアメリカ連邦航空局の型式証明を取得した。証明を取得するまでに、このタイプだけで約6,000時間で約15,000サイクルの試験運転が行われている。これによりMRJは型式証明の取得について、エンジン面は完全にクリアとなった。

　ピュアパワーPW1000Gを開発したプラット＆ホイットニーは、アメリカのコネチカット州イーストハートフォードに本社を置いているが、このエンジンの開発はカナダを中心に進められた。このため最初の型式証明は、カナダ運輸省からの交付となっている。

　プラット＆ホイットニーは、このエンジンの量産にあたっては、それぞれの搭載航空機の組み立て工場の近くで完成するのが効率的であるとして、装備航空機の完成国での生産を進めることとし、MRJ用のピュアパワーPW1200Gは、三菱重工業の名古屋誘導推進システム製作所で最終組み立てと運転試験を行って、MRJ

ピュアパワーPW1200G。ファンブレードが複雑な三次元形状をしているのがわかる（写真：青木謙知）

MRJに取りつけられてのピュアパワーPW1200Gの初運転の様子。三菱重工業小牧南工場で2015年1月14日に行われた（写真：三菱航空機）

ピュアパワーPW1200Gエンジンを主翼下に吊り下げるために使用されるエンジン・パイロン（写真：三菱航空機）

の最終組み立て施設に搬入するという方式が採られることとなった。なお三菱重工業は、このエンジンについてほかにも燃焼器と高圧タービンのディスクおよびケースを製造している。完成後の運転試験は、プラット＆ホイットニーの技術要求に合致した管理システムにより行われることとなった。

三菱重工業では、2017年に最初のPW1200Gの組み立てを開始し、テストセル承認を受けたのち、2018年12月に1回目の完全なエンジン組み立てを完了して、そののちに分解・検査を経て2回目の組み立てと試験を終えて、2019年11月13日に三菱航空機に対して出荷された。この最初に組み立てられたPW1200Gは、ワシントン州のモーゼスレイク飛行試験センターに送られて、飛行試験1号機（FTA-1）に搭載されて、2020年2月14日に初飛行した。

前記したようにピュアパワーPW1200GはSpaceJet専用のエンジンであるため、機体の事業取りやめにより三菱重工業での製造も終了することになった。

ピュアパワーPW1200G基本諸元

ファン直径　1.42m
ファンケース直径　1.57m
乾重量　1,742kg
バイパス比　9：1
全長　2.88m
エンジン構成　ファン1段＋低圧圧縮機2段＋高圧圧縮機8段＋高圧タービン2段＋低圧タービン3段
最大推力　69.4kN（PW1225G）/85.4kN（PW1217G）
ファン最大回転速度　5,264rpm
低圧ローター最大回転速度　12,680rpm
高圧ローター最大回転速度　25,160rpm

MRJの補助動力装置

推進用の動力ではないが、MRJはハミルトン・サンドストランド（現プラット＆ホイットニー・カナダ）製のAPS2600補助動力装置（APU：Auxiliary Power Unit）を機体の最後部に搭載している。APUの役割が、エンジンを停止している際などにおいて航空機に空気圧、油圧、電力などを供給することに変わりはない。またエンジンが運転を始めるとAPUは停止されるが、飛行中に補助動力が必要になった場合に備えて、空中でも始動が可能にされている。

APS2600は、エンブラエルE/E2ジェットやCOMAC ARJ21でも使用されていて、小型・軽量、大出力（136kgで4,000kW）でエアバスA320ファミリー用のAPS3200を小型の地域旅客機向けにした派生型である。

MRJの客室モックアップのオーバーヘッド・ビン。可能なかぎりの大きな容積を確保するだけでなく、各種サイズのローラーバッグを効率的に収納できる設計になっていた（写真：青木謙知）

図　MRJ/SpaceJetの客室断面

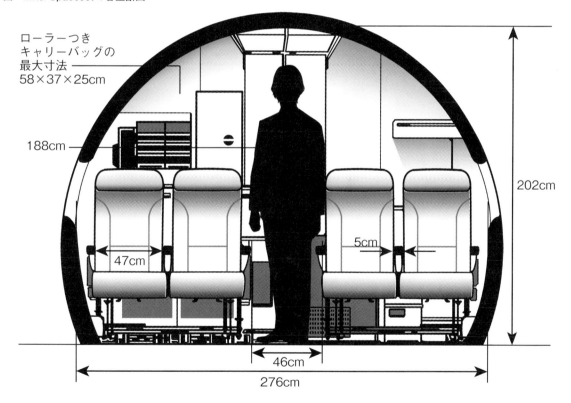

ローラーつき
キャリーバッグの
最大寸法
58×37×25cm

188cm

47cm

5cm

46cm

276cm

202cm

Ⅳ-3　客室と貨物室

MRJの客室の特徴

　MRJは、真円断面内の胴体内に可能なかぎり広いスペースが得られるよう、客室を設計している。客室内の最大幅は2.76mで、幅47cmの座席2席を横並びにして座席の間隔を5cm空けると、中央に幅46cmの通路を設けることができる。そしてその通路から天井までの客室最大高は2.02mになる。比較的大柄な人が多いアメリカ人の成人男性では、97.5%が1m88cm以下の身長とされているため、ほとんどの人が通常の直立姿勢で機内を歩くことが可能というこ

MRJの実大客室モックアップの客席部。座席間隔（ピッチ）は数種類が用意されているが、いずれにも薄いスリムシートが使われているので、乗客周りは広く感じられた（写真：青木謙知）

MRJの実大客室モックアップのトイレ。入口部には段差がなく、また扉の開き方と内部設計の工夫により車椅子での使用にも十分考慮がなされていた（写真：青木謙知）

とになる。

　また一部の地域ジェット旅客機は大型機と同様に手荷物室を客室の床下には設けているが、後述するようにMRJは手荷物室を客室後方にしている。これにより客室の床面を下げることが可能となって、その結果、客室内でもっとも幅の広い場所を座席のアームレスト位置にすることができていて、また通路での天井高も十分に取ることを可能にしたのである。これらによりMRJは、同級の旅客機と比較して、より快適な客室を生みだしている。

　ライバル機の具体的な数字を挙げると、ボンバルディアのCRJシリーズは客室最大幅2.69m、通路での最大高は1.90m、エンブラエルのE/E2ジェットは客室最大幅が2.74m、通路での最大高が2.01mと、いずれもMRJのほうが、わずかではあるものの大きい数値となっている。

快適性を追求した居住性

　また座席頭上の手荷物入れであるオーバーヘッド・ビンも大型で、容積が大きいだけでなく、最大で56×45×25cmという寸法の、持ち込み可能最大級のサイズのローラーバッグを、効率的に収めることができるように設計された。

　この点では、特にビジネスジェット機の胴体設計をベースにしたCRJは不利で、頭上には物入れが設置されているが容積は小さく、大型のローラーバッグの収容が不可能なので、預けて手荷物にしなければならない。

　MRJのエコノミー・クラスには、フランスのゾディアック・エアロスペース社のスリムシートが使われることに決まっていた。スリムシートとは、座席の背当てと座面を薄くして作った座席で、後ろの席の人にとって、背当てが薄いことで前の座席との間隔が、そして座面が薄いことで足下が広がり、居住性が高められる座席である。着座したときの自分の周りは、1cmの違いでも感じが大きく変わるので、スリムシートの導入は、可能なかぎり快適性を追求しているということの表れといえる。

バリアフリーの客室設計

　もう1つMRJの客室設計で特筆されるのが、完全なバリアフリーになっていることだ。客室の床面にはどこも段差がなく、これはトイレとの境目も同様で、扉との関係などからわずかな盛り上がりはあるが、斜面でつながれていて、段差にはなっていない。そのトイレも広く、車椅子に乗ったまま入って使用することができる広さが確保されている。地域ジェットのような小型旅客機のなかでは、バリアフリー化の最先端をゆく設計になっていたのである。

　三菱重工業は2007年6月のパリ航空ショーでミツビシジェット（MJ）の実物大客室模型を公開して、客室の概要を初めて公開した。そしてそ

MRJの客室窓周囲のコンター（枠取り）は相対的に深く、また四角くしていない、より機外の風景が見やすい設計がとられていた（写真：青木謙知）

MRJの客室モックアップの天井は、ほかの旅客機には見られない、曲線の切り欠きと白色のLED灯の組み合わせになっていて、富士山をイメージしたデザインがとられていた（写真：青木謙知）

2007年のパリ航空ショーで展示されたMJの実大客室モックアップの内部。多くの部分がMRJに引き継がれたが、最前方客室隔壁の赤い曲線の手すりは廃止された（写真：青木謙知）

の基本概要はほぼそのままMRJに引き継がれ、以後の航空ショーなどで展示された実物大客席模型には、ほとんど変化はなかった。客室設計で特徴的なものの1つが窓の周囲で、やや縦長の楕円形にコンター（枠取り）がつけられていて、それも比較的深めにされていた点である。多くの旅客機は、窓周辺のコンターは四角であるが、こうした設計にしたことで小型機の応対的に狭い客室でも楽に機外の風景を見られるように配慮した形状としたのであった。

日本らしさの設計

もう1つ、客室天井の設計もきわめてユニークであった。多くの場合、あまり趣向を凝らさずに平板な天井とするのが普通なのだが、MRJは半楕円形にくり抜きを設けて、その直線部にLED球を埋め込んでくり抜き部を照らして明かりを得るという、間接照明スタイルを取った。三菱航空機はこの設計について、富士山をイメージしたものであり、客室内で

も「日本製旅客機」を強調するのが狙いだとしていた。

日本らしさという点では、2014年7月にイギリスで行われたファーンボロー航空ショーでは、輪島塗の客室分割版が3種披露された。国内の飛行試験で輪島塗の里にある能登空港（のと里山空港）を使用していることが縁で作られたものだが、耐火性や難燃性が旅客機の客室安全性の基準を満たせるものではないため、実用性はなかった。

2014年のファーンボロー航空ショーで公開されたMRJの実大客室モックアップ。輪島塗の客室隔壁がセットされている。輪島塗の客室隔壁は3種類が用意されていたが、素材が安全基準を満たすものではなく、実用化できるものではなかった（写真：青木謙知）

2010年に三菱重工業大江工場で撮影したMRJの実大客室モックアップの一部。この機首部外観模型だけは、2007年にパリ航空ショーで展示されたMJのモックアップのものである（写真：青木謙知）

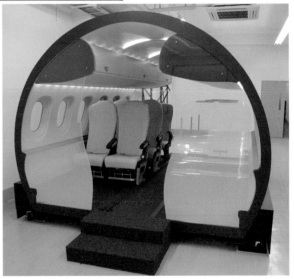

2010年に三菱重工業大江工場で撮影したMRJの実大客室モックアップの一部。入口にステップがあったり、透明プラスチックの部分があるなど、そのあとに各地の航空ショーで展示されたものとは違いがある（写真：青木謙知）

貨物室の特徴

　MRJ/SpaceJetのような小型の旅客機の場合、預かり手荷物を収容する機内スペース（いわゆる貨物室）をどこに設けるかは、悩ましい問題になる。エアバスA320やボーイング737、あるいはそれ以上のクラスの旅客機ならば、胴体に設けた客室の床下を貨物室にするのが一般的だが、小型機の場合はそのようにすると床面が上がってしまい、客室天井高が低くなってしまう。一方で客室の前

方や後方にすると、貨物室の床面の位置が高くなって、ベルトコンベアなどのローダーといった地上の機材が必要となり、運航側に負担がかかる。この点では、地面に近い床下に配置したほうがよいのだが、重い荷物があれば結局ローダーは必要になるし、手作業だけで積み卸しができるほど低い位置にできるかという問題もある。

　これらの問題を総合的に勘案した結果、MRJではまず主翼前方の床下と客室後方の2カ所に貨物室を分散

することにした。容積は、前方の床下が116ft³（3.28m³）、客室後方が528ft³（14.95m³）の、計644ft³（18.24m³）とされた（換算誤差0.01m³）。ただこの設計で問題になったのが、前方貨物室の室内高が低く、十分な数の手荷物（スーツケースなど）の積み上げを効率的に行えないということであった。

　MRJ90の場合、単一クラスの標準客席数は88席なので、スーツケースを1人1個程度とすれば、標準的なサイズのものを、少なくとも90個は収

客室の後方に独立して設けられていた MRJの貨物搭載スペース。この設計にしたことで、貨物の取り扱い性がよくなるとともに、客室への悪影響を排除することができた（写真：青木謙知）

MRJの後方胴体右舷につけられた、上外開き式の貨物扉。この方式にしたことで、場での作業にはなんの影響もなく扉の開閉ができることとなった（写真：青木謙知）

容できるスペースがほしいところだ。ただ、2009年4月に基本設計審査（PDR：Preliminary Design Review）を行うと、この設計では、79×53×28cmという標準サイズのスーツケースの収容量は95個と、ギリギリの数であることが判明した。そこでMRJの設計陣は、より効率的にスーツケースを収容できるようにするために、前方の床室貨物室を廃止し、客室後方の1カ所にまとめることにした。この部分の容積は当然広げるが、あまり大きくしすぎると客室長に影響がでるので、容積は、以前の合計と同じにされて、この部分だけで644ft³（18.24m³）にしてい

る。それでも1カ所にまとめたことで手荷物類の効率的な積み重ねが可能となって、前記サイズのスーツケースならば106個と、12％多い数を積めるようになったのである。なお単純計算では、標準サイズのスーツケースならば106個で12.43m³であるから、数字上はまだスペースに余裕がある。この貨物室設計は、2010年9月に行われた詳細設計審査（CDR：Critical Design Review）もパスして、採用されている。

　このMRJの貨物室の特徴の1つは、貨物室の室内高が85in（2.16m）と高いことだ。貨物室は、客室からそのままつながっているので、床面

の位置は変わらない（貨物室最後部に段差はあるが）。そして客室での天井高は2.03mあって、さらに客室用天井がなくなるから、さらに5インチ（13cm）高くなっているのである。先に記したように、アメリカ人男性の97.5％の身長が1.88mなので、よほどの大柄の人でなければ、立った姿勢で貨物室内での作業が可能である。これは、床下に貨物室を設ければ当然不可能な作業姿勢であり、貨物取扱者の肉体的な作業負荷を大きく低減するものである。貨物室内への積み方は、ばら積みが基本だ。

図　MRJ90の客席配置例

MRJ90 の客席配置例

単一クラス
88 席
（79cm ピッチ）

単一クラス
最大 92 席
（74cm ピッチ）

2 クラス編成 81 席
ビジネス・
クラス 9 席
（91cm ピッチ）
＋エコノミー・
クラス 72 席
（76cm ピッチ）

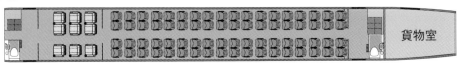

MRJの貨物室扉

　この貨物室への積み卸しに使用する貨物室扉は、胴体後部右舷にあって、幅1.20m、高さ1.10mであり、外開き式であるからほぼそのままの寸法で開口部が得られて、大型貨物も出し入れが可能である。この貨物室扉も、前方床下貨物室用は幅1.10m、高さ0.90mだったから、ひと回り小やボンバルディアCRJのように、エンジンをリアマウント方式としている機種が客室後方に貨物室を設けると、貨物室扉がどうしてもエンジンと干渉してしまい、完全な開口部を得ることができなくなってしまうので、収容できる貨物の寸法に制約がでるが、MRJではもちろんそれは生じない。

MRJの座席配列パターン

　旅客機の客室は、航空会社が自社の特徴を旅客にアピールできる重要な場所の1つであり、各社の独自性が表れるので、座席自体はもちろん、カーペットや内壁の色・模様も変えられるから、まさに千差万別である。ただ航空機メーカーも、基本的な座席配列パターンなどを提示しており、それが満足のいくものであれば、そのなかから航空会社が選択することもある。三菱航空機もMRJ70/90で、数種類の座席配列例を提示していたので、図で示しておく。

　MRJ/SpaceJetの胴体は、操縦室の窓と胴体の扉のすべてをしっかりと閉じると、操縦室から客室後方の貨物室までが、完全に密閉される。これにより胴体内の気圧を、機外の気圧と異ならせることが可能となって、ほとんどの場合機内の気圧を外気圧よりも高く維持する。これが与圧システムと呼ばれるもので、MRJ/SpaceJetが最大運用高度である39,000フィート（11,872m）を飛行していても、機内の気圧高度は8,000

図　MRJ70の客席配置例

MRJ70 の客席配置例

単一クラス
78 席
（79cm ピッチ）

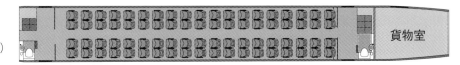

単一クラス
最大 80 席
（74cm ピッチ）

2 クラス編成 69 席
ビジネス・
クラス 9 席
（91cm ピッチ）
＋エコノミー・
クラス 60 席
（76cm ピッチ）

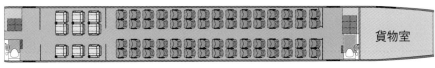

フィート（2.4484m）程度が維持される。2,400mという高さは、富士山の富士宮口の五合目とほぼ同じであるから、健康体の人であれば補助器具などなしで普通に生活・活動できる気圧環境である。

MRJ/SpaceJetの場合、地上では機内の気圧は外気圧と等しく、離陸すると上昇するにつれて外気圧と一定の差圧をもって機内気圧も低下していく。高度が8,000フィートに達すると機内の気圧は8,000フィートに維持されて、上昇を続けても変わらずに8,000フィートの気圧を保つ。

また機内には空調装置が備わっているので、気温は快適に過ごせる

25℃前後で維持される。標準大気状態では、気温は高度2,500mで−1.24℃、11,800mでは−56.50℃だが、空調システムが故障しないかぎり、機内がそうした低温状態になることはない。機内温度の調節は操作パネルで任意に設定が可能で、機内全体がまとめて制御される。

高度や標高が高くなると酸素濃度が薄くなるが、MRJ/SpaceJetの空調システムには地上と同等の濃度の酸素を供給し続ける機能があるので、これも故障が起きないかぎり必要な酸素が供給され続ける。低酸素症などを引き起こすことはない。与圧システムに不具合が生じるなどした場

合は、機内の気圧高度が14,000フィート（4,267m）以上になると、各席に備わっている酸素マスクが自動的にでて、酸素の供給が続けられる。供給される酸素は、メインの空調システムとは別系統の独立したシステムで、MRJ/SpaceJetのような短距離機では最低12分間供給できることが義務づけられている。

MRJの前脚は二重車輪で操向機能がありブレーキはついていないという、ごく一般的なものである。ただ、重量軽減策として脚柱の長さを、主脚よりもわずかに短くしている（写真：青木謙知）

単車輪のMRJの主脚。収納時のタイヤをカバーする扉はなく、隙間を塞ぐためのブラシ状のカバーがついている。主輪には、強力なカーボン・ブレーキが備わっている（写真：青木謙知）

IV-4　その他の装備品

MRJの降着装置

MRJは、前脚式3脚の降着装置を有し、いずれもが完全引き込み式で、前脚は前方に振り上げてすべてを機首部下側内に、主脚は横に上げて脚柱を主翼下側内に、車輪を中央胴体下側に収納する。降着装置の上げ下げは、いずれも油圧により行われるが、上げた状態で油圧システムに故障などが起きた際には、機械的に上げた位置でのロックを外し、脚の重さで下げてロックする、緊急脚下げシステムを備えている。

前脚は二重タイヤで、油圧による操向システムがついている。操向操作は、機長席にあるステアリング・ティラーあるいは方向舵ペダルの操作のいずれかで行う。

MRJの主脚の特徴

主脚は単車輪で、デジタル制御のカーボン・ブレーキがついている。主脚の特徴の1つが、車輪カバーがないことだ。これは、カバーをつけな

いことで、カバー自体と開閉メカニズムの重量をなくして少しでも軽量化を実現するための措置であるが、一方で車輪にカバーがないと車輪収納部と車輪の間に隙間ができてしまい、飛行中に抵抗を発生することになる。そこで、MRJの設計陣は、脚柱のカバーの車輪側にブラシ状のものをつけて、その問題の解決を図ることにした。これにより、引き込んだ際にブラシが隙間を埋めて、抵抗の発生をなくすのである。同じ手法は、ボーイングの次世代737が、空力改善策の1つとして導入している。降着装置と重量の関係では、やはり重量軽減策として、前脚が主脚よりも短くされている。このためMRJは地上では、ごくわずかではあるが、前傾姿勢になる。

離陸時や着陸時に引き起こし操作が大きくなって機首を上げすぎると、胴体後部下面を滑走路に接触させてしまうことになる。これを避けるためMRJの胴体ほぼ最後部下面には、自動作動式のテイルスキッドがついている。専用の操作装置などはなく、

降着装置が下がっている状態で機体が一定の引き起こし角を超えるとて、尾部を接触から保護する。引き起こし角が減少して安全な範囲に入ると、自動的に引き込まれる。

ラム・エア・タービン

緊急時用の、もう1つの重要な装備品が、ラム・エア・タービン（RAT：Ram Air Turbine）だ。ラム・エアとは、大気中を移動する際に受ける空気の圧力のことで、風圧ととらえていただいてよい。RATは、このラム・エアで風車を回して発電する装置である。

たとえば飛行中にエンジンが停止するなどの理由で電源が失われた場合でも、機外にRATをだして風車を回すことで必要最小限の電力を得ることが可能になる。もちろん機内の電気系統は複数の冗長性がもたされているから、電力を完全に失ってしまうことはまずないが、最後の電力確保源としてすべての旅客機はRATを装備している。旅客機はもち

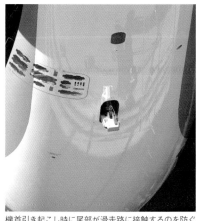

機首引き起こし時に尾部が滑走路に接触するのを防ぐために、後方胴体下面に装備されている自動式のテイルスキッド（写真：青木謙知）

MRJの機首先端部右舷内に収納されているRAT（写真：三菱航空機）

RAT（赤丸）をだして着陸するボーイング777-281。RAT自体はMRJのものよりも大きいが、大型旅客機の777では出してもほとんど目立たない。なおこのときは、トラブルなどが起きていたのではなく、RATの機能確認試験のためにだしていた（写真：青木謙知）

ろん、今日の航空機は飛行操縦システムや計器類をはじめとして、多くのシステムや装備を電気に頼っているので、RATはますますその重要性を高めている。

MRJのような小型機ではRATの搭載場所の確保に工夫が必要だが、MRJは機首先端右舷内に装着した。

ワイパーの特徴とメリット

旅客機の操縦室風防には、ワイパーが備わっている。目的は自動車と同じで、雨などの際に風防から水滴を取り去ることにあり、航空機用だからといって特殊なものではない。ただ近年では、停止位置に変化がで

ている。古い機種では自動車と同様に窓の下側で停止して、窓と機体フレームの間に位置するようにされていた。それがMRJなどの近年の機種では、左右操縦室風防の中間にある風防の桟にあわせて縦になって停止するスタイルになった。

機首のラインにうまく溶け込む設計にできていれば、下を停止位置にするよりも飛行中の抵抗が小さくなるのだが、この方式がもたらすそれ以上のメリットが、操縦室の低騒音化にある。風防の下を停止位置にするとどうしても隙間ができ、高速で巡航飛行する旅客機では風切り音の発生源となって、操縦室内に思いの外大きな騒音をもたらすのである。

その解消策として発見されたのがこの縦位置の停止で、ボーイング787やエアバスA350XWB、ボンバルディアCシリーズ（エアバスA220）、エンブラエルE/E2ジェットなどもこのスタイルになっている。

MRJの飛行試験1号機（FTA-1）と2号機（FTA-2）の垂直尾翼上端には、細いL字型をしたパイプがついている。これは飛行試験用の計測装置であるトレーリング・コーンの収納部で、この2機だけの特徴である。

MRJの製造に参画した企業

MRJの製造には、エンジンのプ

137

MRJのワイパー停止位置は近年の多くのジェット旅客機と同様に、正面風防の中央で、立てた状態で止まる（写真：青木謙知）

ボーイング747-8のワイパー定位置は、1960年代の747設計当初からの風防下側で変わっていない（写真：青木謙知）

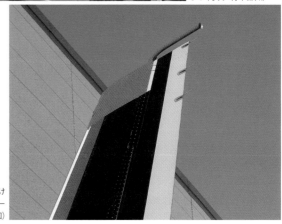

MRJの飛行試験1号機と2号機だけにつけられた、垂直尾翼上端のトレーリング・コーン収納部（写真：青木謙知）

ラット＆ホイットニーをはじめとして、国内外の多くの企業が参画していた。紙数の都合ですべては紹介できないので、主要な企業と部位だけを記しておく。

◇プラット＆ホイットニー

　ピュアパワーPW1200Gエンジン

◇スピリット・エアロシステムズ

　エンジン・パイロン

◇ロックウェル・コリンズ

　飛行操縦システム、パイロット操縦操作装置（操縦輪、ペダル、関連する感覚付与機構、ペデスタル操作装置、水平安定板トリム機構を含む）、電子機器管理システム、プロライン・フュージョン電子機器、一次飛行操縦コンピューター

◇パーカー・エアロスペース

　油圧システム、燃料タンク防漏、高揚力装置

◇ナブテスコ・エアロスペース

　メカニカル・アクチュエーター、飛行操縦アクチュエーター

◇UTCエアロスペース・センサーズ＆インテグレーテッド・システムズ

　迎え角指示計、エア・データ・センサー類（デジタル式迎え角センサー、空力補正ピトー静圧プローブ、大気全温度センサーを含む）、氷結探知装置、防氷・氷結予防機材、風防ヒーター

◇UTCエアロスペース・システムズ-ランディング・システムズ

　カーボン・ブレーキ、デジタル式

ブレーキ制御

◇PPGエアロスペース・トランスパレンシーズ

　操縦室側方窓、風防

◇住友精密工業

　降着装置

◇プラット＆ホイットニー・カナダ

　補助動力装置（APU）

◇アコースティック・ファブ

　APUコンポーネント＝空気取り入れ口と排気コンポーネント

◇ゾディアック・エアロスペース

　乗客用座席

製造中のMRJ90の胴体（右）とMRJ70の胴体（左）。客室窓の数が異なり、両タイプでの胴体長の違いがよく見てとれる（写真：三菱航空機）

Ⅳ-5　MRJの諸元

MRJ70とMRJ90の違いと各サブタイプ

　MRJは、70席級のMRJ70と90席級のMRJ90の2タイプで開発が行われ、この2タイプは胴体の長さが違う以外は、機体の構造などは同じである。もちろん胴体が長いほうが重量は重くなるので、使用するエンジンの推力はMRJ90のほうが大きい。しかしエンジンの違いもその部分だけで、こちらも設計や構成に大きな違いはない。

　またMRJ70もMRJ90も、さらに3つのサブタイプが用意されていた。基本となるのが標準型（STD：Standard）で、加えて航続距離延伸型（ER：Extended Range）と長距

製造番号	MRJ70			MRJ90		
	標準型	距離延伸型	長距離型	標準型	距離延伸型	長距離型
全幅	29.2m	←	←	29.2m	←	←
全長	33.4m	←	←	35.8m	←	←
全高	10.4m	←	←	10.4m	←	←
客席数	76席	←	←	88席	←	←
貨物室容積	18.2m³	←	←	18.2m³	←	←
エンジン	ピュアパワー PW1215G	←	←	ピュアパワー PW1217G	←	←
エンジン推力	69.3kN×2	←	←	78.2kN×2	←	←
最大離陸重量	36,850kg	38,995kg	40,200kg	39,600kg	40,995kg	42,800kg
最大着陸重量	36,200kg	←	←	38,000kg	←	←
最大零燃料重量	34,000kg	←	←	36,150kg	←	←
航続距離	1,880nm	3,090nm	3,740nm	2,120nm	2,870nm	3,770nm
最大運用マッハ数	M=0.78	←	←	M=0.78	←	←
最高運用高度	11,900m	←	←	11,900m	←	←
離陸滑走路長	1,450m	1,620m	1,720m	1,490m	1,600m	1,740m
着陸滑走路長	1,430m	←	←	1,480m	←	←

※航続距離の単位のnmは海里。1海里は1,852km

図　MRJ70/90の飛行範囲

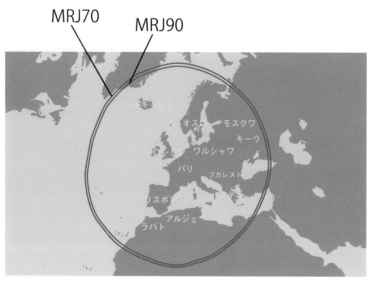

標準大気　年間平均風の85%
飛行高度 11,276m、185km の余裕距離
MRJ90 は乗客 92 人、MRJ70 は乗客 78 人
乗客 1 人あたり 102kg

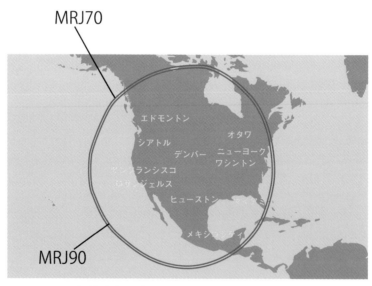

標準大気　年間平均風の85%
飛行高度 11,276m、185km の余裕距離
MRJ90 は乗客 92 人、MRJ70 は乗客 78 人
乗客 1 人あたり 102kg

離型（LR：Long Range）が計画され
ていた。この3タイプの違いは燃料
搭載量だけで、燃料搭載量の数値自
体は発表されていないが、それを反

映した最大離陸重量はタイプ別に示
されている。最大着陸重量は、機体
構造の強度で決まるので変化はでな
い。

MRJ70とMRJ90の基本諸元は別
表のとおりで、またその航続力で飛
行できる範囲も図示しておいた。

図　MRJ90の客席配置例

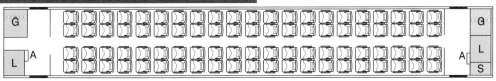

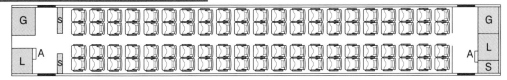

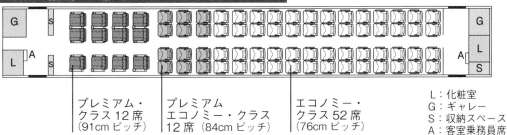

プレミアム・クラス12席（91cmピッチ）　プレミアムエコノミー・クラス12席（84cmピッチ）　エコノミー・クラス52席（76cmピッチ）

L：化粧室
G：ギャレー
S：収納スペース
A：客室乗務員席

図　MRJ90/70の客席配置例

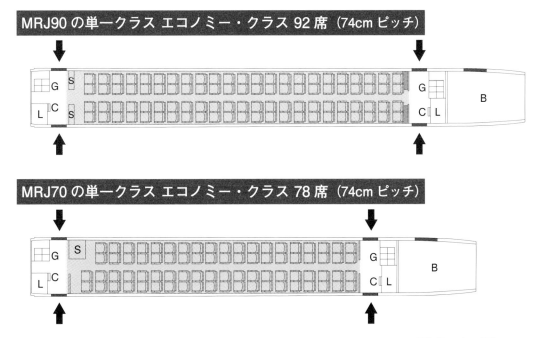

B：貨物室　　S：収納スペース
L：化粧室　　A：客室乗務員席
G：ギャレー

2017年のパリ航空ショーでの展示のために会場に運び込まれたSpaceJetM90のデモンストレーション機。MRJ90のFTA-3であるが、名称の変更にあわせて塗装は一新された（写真：三菱航空機）

Ⅳ-6　SpaceJetとは

名称の変更理由

　三菱航空機は2019年6月17日に、MRJの名称をSpaceJet（スペースジェット）に変更した。機体の基本設計は同一で、これまでのMRJ90は76〜92席のSpaceJetM90に、MRJ70は70〜88席のSpaceJetM100と呼ぶことにしたのである。その結果、MRJのときは、機体規模と数字の大小は呼応していたのだが、今度は胴体の短い小型のほうが大きな数字という、通常とは異なる命名方式になった。

　SpaceJetの「スペース」は、客室がこのクラスの旅客機としては広く設計されていて、天井高が高くまた幅が大きいという特徴をアピールするため、英語の「スペーシャス（spacious）」をもじったものだ。「スペース」といえばすぐに「宇宙」が連想されるから、三菱航空機も「宇宙ではなく広々です」と繰り返し説明していた。ただ英語を母国語とする人のなかには、「わかりにくい。三菱は宇宙用旅客機に方向転換したものと思った」と冗談交じりにいう人も少なくはなかった。

　また三菱航空機が、パリやファーンボロー、シンガポールなどの大規模な国際的な航空ショーや、地域航空業界の年次総会などに精力的に参加してMRJのPR活動をしていたこともあって、外国の報道関係者などにもMRJの名称はかなり浸透しまた定着していて、なじみ深さも増していたのだが、突然ともいえる名称変更に踏み切ったのであった。

　名称変更は、社内でも論議を積み重ねた末に行われたものであるが、変更の理由の詳細は説明されていない。ただその大きな理由の1つには、たび重なる開発作業の遅れにより悪化してしまったイメージを払拭することにあったであろう。しかしそれに加えて、地域ジェット旅客機を示した「RJ」を外したいという考えもあったはずとも考えられる。

　MRJの開発計画が持ち上がった当時は、地域ジェット旅客機は新しいカテゴリーでかつ2大旅客機メーカーが市場参入しないということで注目度が高かった。エンブラエル（ERJ）もボンバルディア（CRJ）も、この種の旅客機には「RJ」をつけて「地域ジェット機」を強調していたから、三菱重工業もそれに続いたこと

パリ航空ショーの会場であるル・ブールジェ飛行場をトーイングされるスペースジェット塗装のMRJ FTA-3（写真：三菱航空機）

になり、それは間違った判断ではなかった。むしろ、先行していたボンバルディアやエンブラエルの旅客機に真っ向勝負するという、意気込みの表れだったともいえよう。

しかし近年になって、「地域ジェット機」という言葉が「足かせ」になるようになってきた。その発端はアメリカの大手航空会社の労使間の話し合いによって地域用航空機に関する定義（スコープ・クローズ）が結ばれたことにある。スコープ・クローズについては次のSectionで記すが、その内容はエンブラエルのEジェットやE2ジェット、そしてMRJにはかなり厳しいものとなった。そしてこれらの機種が、「地域ジェット機」という言葉に縛られないほうが得策と考えるようになるのも一理ある。三菱航空機が名称変更に踏み切ったのには、地域ジェット機という固定概念にとらわれ続けたくないという思いもあったのではないだろうか。

SpaceJetとしてのお披露目と諸元

　製品名を変え、さらに2タイプの機種名を変えて作られることになったSpaceJetM90/M100だが、機体の基本設計や構造、システム、エンジンをはじめとする装備品はMRJと変わりはない。ただMRJの設計で指摘された多くの問題点は、設計変更などによって解消することとなった。

　SpaceJetM90のお披露目は、名称変更直後に開催された2019年のパリ航空ショーであった。とはいっても新たに機体を製造したのではなく、飛行試験用3号機（FTA-3）の塗装を、新デザインのSpaceJet塗装に塗り替えたものである。ちなみにFTA-3は初飛行時の塗装が一度全日本空輸風塗装に変更されていたから、三度目のお色直しとなった。FTA-3は当時、アメリカのモーゼスレイク・フライトテスト・センター

で飛行試験作業に使われていて、そこからパリのル・ブールジェ空港にフェリーされた。

　またこのパリ航空ショーでは、新しい実物大客室モックアップも公開された。オーバーヘッド・ビンの形状や開き方が変わり、また天井は富士山をイメージできる設計にしていたものから簡素なデザインになり、また窓周りのくり抜きも四角になった。これらは工作の簡素化が目的と思われ、これにより製造コストを押さえようとしたのであろう。

　最初にSpaceJetとして完成したのはMRJの製造通算10号機（FTV-10）で、SpaceJetM90であった。この機体は2020年3月18日に三菱重工業小牧南工場で初飛行した。その後何度かの飛行試験を行っていて、最終的にモーゼスレイク飛行試験センターへ送られる予定であった。しかし、そのフェリー・フライトが実現する前に、SpaceJet事業の幕が下ろされ

パリ航空ショーでの出品のためMFCを離陸する、スペースジェット塗装に塗り替えられたMRJ90 FTA-3（写真：三菱航空機）

パリ航空ショーでの展示を終えてル・ブールジェ飛行場を離陸するスペースジェット塗装のMRJ90 FTA-3（写真：三菱航空機）

てしまった。

2019年のパリ航空ショーで配布されたSpaceJetの新資料に記されていたSpaceJetM90およびSpaceJetM100

の主要諸元は表のとおりである。またSpaceJetM100の飛行範囲と客席配置例は図示のとおりだ。

図　SpaceJet M100の客席配置例

代表的な単一クラス 84 席 （79cm ピッチ）

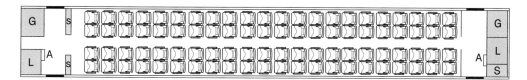

最大客席数 88 席 （74cm ピッチ）

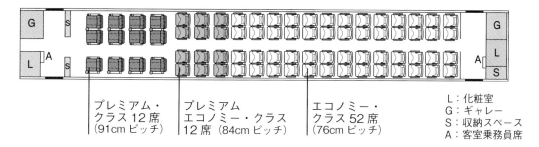

3 クラス編成 76 席 （91cm/84cm/76cm ピッチ）

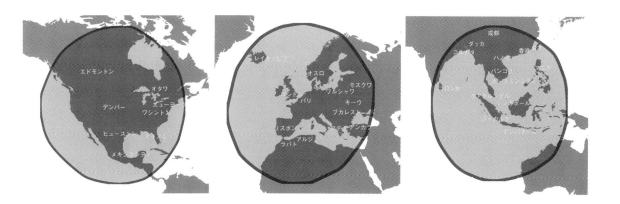

プレミアム・
クラス 12 席
（91cm ピッチ）

プレミアム
エコノミー・クラス
12 席 （84cm ピッチ）

エコノミー・
クラス 52 席
（76cm ピッチ）

L：化粧室
G：ギャレー
S：収納スペース
A：客室乗務員席

図　SpaceJetM100の飛行範囲

初飛行を終えて県営名古屋空港に戻ってスタッフの出迎えを受けるSpaceJetM90の初号機（FTV-10）（写真：三菱航空機）

SpaceJetの実大客室モックアップ。オーバーヘッド・ビンの設計が変わり、また天井や客室窓周囲のコンターがきわめて一般的なものになり、MRJ当時のユニークさは失われてしまった（写真：Tadayuki Yoshikawa/Aviation Wire）

SpaceJetの諸元
（SpaceJetM90の寸度はMRJ90LRのもの）

	SpaceJetM90	SpaceJetM100
全幅	29.2m	27.8m
全長	35.8m	34.5m
全高	10.4m	10.3m
水平尾翼幅	未公表	11.0m
ホイールベース	未公表	13.6m
ホイールトラック	5.3m	5.3m
客席数	88席	84席
貨物室容積	18.2m³	13.6m³
エンジン	ピュアパワーPW1200G	←
推力	78.2kN × 2	←
最大離陸重量	42,800kg	39,008kg
最大着陸重量	38,000kg	36,200kg、39,008kg
燃料容量	12,100L	←
航続距離	3,770nm	1,910nm
最大運用マッハ数	M=0.78	←
最大運用高度	11,900m	
離陸滑走路長	1,740m	1,550m
着陸滑走路長	1,480m	

作業の遅れと
立ちはだかった壁

（写写真：三菱航空機）

Section V
作業の遅れと
立ちはだかった壁

SpaceJetはなぜ開発中止に至ったのか。開発作業中に見つかったいくつかの問題点と作業の遅延、
アメリカの航空会社による地域ジェットの新たな基準などMRJ/SpaceJet計画が直面した逆風を記す。

V-1　開発作業の遅れ

スケジュール変更の概要と
その理由

　MRJ/SpaceJetの事業が取りやめになった理由はいくつも挙げられているが、なかでも大きな問題とされたのが、開発段階でのスケジュール変更が相次いだことである。「変更」といえば聞こえはよいが、実態は「遅れ」であり、その結果、型式証明の取得予定時期や納入開始時期がその都度延期されることとなった。こ

MRJ FTA-2への主翼取りつけ作業。当初MRJの主翼はCFRP製になる予定だったが、工作上の問題などから金属製に変更された。これも開発作業に遅れを生じる一因になった（写真：三菱航空機）

れは、航空機の開発・製造企業としては信頼度を低下させることにつながるものであり、当初は理解を示していた顧客もだんだんあきれ果てるようになっていった。

スケジュール変更の発表は、2009年9月から2017年1月の間に、計5回行われた。MRJの事業化が決定したときには2011年に試作機を初飛行させて、2013年に納入を開始するというスケジュールが発表されていたのだが、2017年7月の時点では納入開始が2020年半ばとされていて、約7年の遅れが生じたのである。

以下、5回のスケジュール変更の概要を記しておく。

最初の遅れの発表があったのは、2009年9月であった。主翼と胴体の設計を大幅にあらためるというのがその理由で、そのため初飛行が2012年第2四半期に、納入開始が2014年第1四半期に変更するとされたのである。設計の変更でもっとも大きなものは主翼で、計画していた炭素繊維複合材料（CFRP：Carbon Fiber Reinforced Plastics）での製造をやめて、通常の金属製にすることにした。

CFRP製の主翼は、MRJの技術的な大きな特徴の1つでありまたセールスポイントでもあったのだが、付け根部からの複雑な曲線を実現するのに、金属ならば削りだすだけですむところを、CFRPでは幾重にも重ね合わせて微妙な曲線を作りださなければならないことがわかったのが素材変更の理由と説明された。こうしたことから、CFRP製にすると手間とコストがかかり、その一方でCFRPのメリットの1つである軽量化もほとんど実現できないことが判明したという。主翼の素材と設計の変更は、当然それが取りつけられる胴体部の設計の見直しにつながり、それらを1から再作業するため、大きくスケジュールに遅れが生じることとなってしまった。

2回目のスケジュール変更の発表は2012年4月で、検査体制の不備な

最終組み立てがほぼ完了した状態のFTA-5。新しい電子機器の搭載配置の確認などに用いられることとなって、飛行試験機からは外された（写真：三菱航空機）

どから製造作業の進捗に遅れが生じ、初飛行を2013年度第3四半期に、量産初号機納入を2015年度半ばから後半に延期すると説明された。そして2013年8月には安全性を担保するプロセスを構築することに想定していたよりも時間が必要となり、初飛行予定を2015年第2四半期に、初号機納入予定を2017年第2四半期に改定すると発表した。さらに2015年12月には、ソフトウェアの改修などが必要になったとして量産初号機の納入時期を2017年第2四半期から1年程度先に変更することが発表されている。なおMRJは、これよりも前の2015年11月11日に初飛行したので、3回目の変更における初飛行の時期は、守られたことにはなった。そして

5回目のスケジュール変更が発表されたのは2017年1月のことで、電子機器の配置変更やそれにともなう電気配線の変更などで、就航開始時期を2020年半ばにすることとされたのである。

電子機器の配置変更や配線の再設計などの作業はすぐに着手され、また外国の企業やスタッフを招き入れた、新しい専門チームも作られた。この設計作業を2017年秋までに完了させて、まずそれを完成している飛行試験5号機に導入して、地上試験を行うこととされた。そしてそれで問題がなければ、飛行試験用初号機から4号機までに同じ改修を行って飛行試験に入り型式証明の取得を目指すこととなった。なおこのため飛行

試験5号機は地上試験専用機となって、飛行試験には使われないことも明らかにされた。

またこれらのあとにも、2020年2月6日に飛行試験などの遅延により2020年中の型式証明の取得が困難になったと発表されて、納入開始時期を20212年以降にするとの発表が行われている。これも加えると、納入開始時期の延期は6回になる。

中断から中止へ

そして2020年10月30日に三菱航空機の親会社である三菱重工業は、SpaceJetの作業について「いったん立ち止まる」ことを発表した。これは、実質的な作業の中断であり、機

体の開発を凍結するに等しいものだ。そして、立ち止まる期間がどのくらいになるのかは明らかにされていなかったが、これまでの6度の作業の遅れも含めれば、仮にこのまま機体が完成してもその時点ですでにかなり陳腐化が進んだものになり、これから定められるであろう安全性の要件をクリアできていないものになることは間違いない。このためこの発表は、「かぎりなく開発中止に近い棚上げ」とも受け止められた。

ただこの立ち止まり決定の背景の1つには、三菱重工業/三菱航空機にはいかんともしがたいこともあった。

2020年に入っての新型コロナウィルス感染症（COVID-19）の感染拡大による航空輸送産業の落ち込みから、当面の航空需要の見通しが立たないことや、飛行試験作業の拠点であるワシントン州での企業活動の停止などを理由に、三菱航空機はSpaceJetの開発作業を中断していた。確かにCOVID-19の猛威がいつ終息するのかはわからないし、飛行試験を含めた開発作業もどのように進められるかは定かではない。ただ、感染症が終息するのに数年かかったとしても、20年で5,000機もの需要が見込める市場を諦めることになってしまうのはもったいない。もちろん計画中止の発表ではないから「諦めてはいない」ということになるが、現実的には復活は不可能である。

三菱重工業は、当然そのこともわかって「立ち止まり」を発表したのだろうから、その理由がCOVID-19だけではないと考えてよい。繰り返し行われた前記の開発スケジュールの変更は、その都度理由は示されているが、それをどのように解決したかの具体的な説明はあまり行われていない。三菱航空機の歴代の社長は常に「できるだけ情報を知らせる機

会を設けたい」としてきて、その努力も見られたのだが、肝心なところで親会社の意向がでたりした部分もあって、不完全燃焼で中断を迎えたともいえよう。

そして2023年2月7日に三菱重工業は、2022年度第3四半期決算の記者会見の席上で、SpaceJetの開発を中止することを明らかにした。あわせて『当社SpaceJet開発活動中止のお知らせ』と題したプレスリリースもだされたが、こちらの中身は、「当社連結子会社である三菱航空機が取り組んでおりましたSpaceJetの開発活動を中止することとしましたので、お知らせいたします。」という、わずか64文字の素っ気ないものだった。

ただこれに続いて、「なお、本件にともなう当社業績への影響は、連結、個別とも軽微です。本件の詳細については、本日開示しております『2022年度第3四半期説明資料』23ページをご参照ください。」とあって、そこにはもう少しくわしく中止について説明されていた。まず、その23ページの記載内容について記しておく。

開発中止の詳細

そこではまず「SpaceJetの開発中止を決定」として、

・立ち止まりとしていたSpaceJet M90の開発活動を中止
・今後ともSpaceJetの知見を活かし、完成機を見据えたわが国航空機産業の発展と技術力向上に取り組んでいく

として中止する理由については、以下の観点から開発再開に立つ事業性を見いだせずとした。

（1）技術：開発長期化により一部見

直しが必要。脱炭素化対応なども必要
（2）製品：海外パートナーより必要な協力の確保が困難と判断
（3）顧客：北米でスコープクローズ（労使協定による機体サイズなどの制限）の緩和が進まず、M90では市場に適合しない。足下でのパイロット不足の影響もあり、地域ジェット市場規模が不透明
（4）資金：型式証明の取得にさらに巨額の資金を要し、上記市場環境では事業性が見通せない

そして反省点としては、高度化した民間航空機の型式認証プロセスへの理解不足と、長期にわたる開発を継続して実施するリソースの不足を挙げた。また今後の航空機事業への取り組みについては、次の5点を示した。

1. CRJ事業での完成機事業への取り組み
2. 海外OEM（Original Equipment Manufacturer＝製品生産者）パートナーとのパートナーシップの深化
3. 完成機を見据えた次世代技術の検討
4. FX（次期戦闘機）への知見活用
5. 愛知県にある施設・設備の活用

またSpaceJetの開発により達成できたことや技術的な成果には、次のものがあったとした。

［達成できたこと］

・型式証明を取得しうる機体を設計・製作・認証する体制の整備。3,900時間超の飛行試験を安全かつトラブルなく遂行
・民間旅客機への日本での型式証明プロセスを実践。欧米当局との2カ

図　900以上におよんだ MRJ90 の設計変更（2017～2019年）

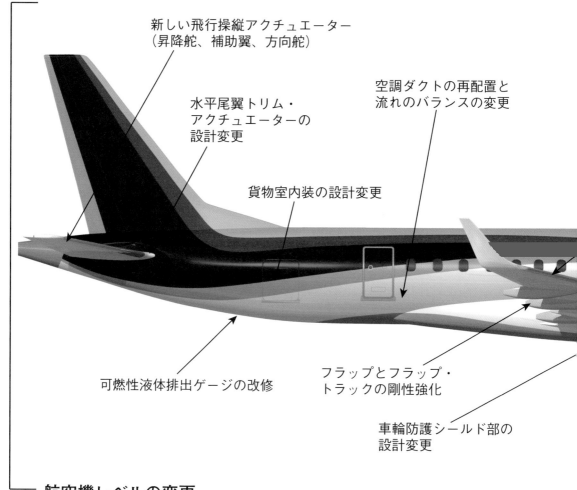

新しい飛行操縦アクチュエーター
（昇降舵、補助翼、方向舵）

水平尾翼トリム・
アクチュエーターの
設計変更

空調ダクトの再配置と
流れのバランスの変更

貨物室内装の設計変更

可燃性液体排出ゲージの改修

フラップとフラップ・
トラックの剛性強化

車輪防護シールド部の
設計変更

航空機レベルの変更

・設計荷重および設計重量のアップデート
・環境制御装置のシステム・コンポーネントのアップデート
・システム・ソフトウェアのアップデートと調整

国相互認証協定の締結
・航空機開発プロセスのデジタル化に向けた技術情報の獲得。モデルをベースにしたシステム・エンジニアリング（MBSE：Model-based Systems Engineering）や解析による適合性証明（CbA：Certification by Analysis）

[技術的な成果]
・航空機への本格的な検証および立証（V&V：Verification & Validation）の適用
・大口径ギアード・ターボファン（GTF：Geared Turbo Fan）エンジンの地域ジェット機の主翼搭載
・真空含浸法（VaRTM：Vacuuma-ssisted Resin Transfer Molding）での新材料などの適合性証明
・数値流体力学（CFD：Computational Fluid Dynamics）を用いた空力の最適化
・世界レベルの飛行試験の実施経験
・実機レベルの試験設備（名古屋地区）

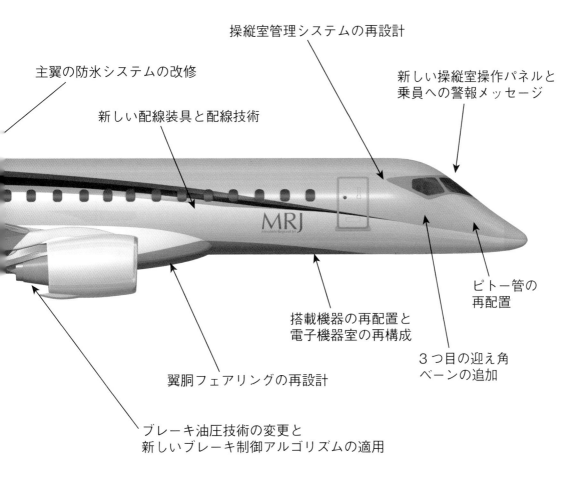

→ 12,000 以上のシステム付け具
解析による 5,000 以上の
再設計の必要性

操縦室管理システムの再設計

新しい操縦室操作パネルと
乗員への警報メッセージ

主翼の防氷システムの改修

新しい配線装具と配線技術

MRJ

ピトー管の
再配置

搭載機器の再配置と
電子機器室の再構成

3つ目の迎え角
ベーンの追加

翼胴フェアリングの再設計

ブレーキ油圧技術の変更と
新しいブレーキ制御アルゴリズムの適用

設計変更詳細

　MRJは、開発試験モジュールに変更が生じるごとに大小各種の設計変更も必要となって、それが取り入れられてきた。2017年から2019年にかけては特にその作業が集中して実施

されて、設計変更の数は900以上にもおよんだ。その詳細は図示したとおりで、これらが証明取得作業の遅延をもたらした大きな要素の1つとなったのである。

　前記で三菱重工業が説明したように、SpaceJetはさまざまな経験や教訓を三菱重工業にもたらした。しか

しこのプロジェクト中止の影響は決して小さくなく、少なくとも同社が再度民間旅客機の開発に着手できる可能性を、とりあえずはかなり困難にしたのは確かである。

ボーイング・コマーシャル・エビエーション・サービセズの出荷庫内は、複雑なルートが張り巡らされていて、ラベリングされた部品やコンポーネント類が自動的かつ正確に出荷場所に送られる。そのシステムなどは物流大手の倉庫をイメージしていただければよいだろう（写真：青木謙知）

ボーイング・コマーシャル・エビエーション・サービセズの部品ストック庫。もちろんコンピューター制御の自動取りだし式になっている（写真：青木謙知）

V-2　立ちはだかった難題

┃カスタマー・サポート体制

　MRJ/SpaceJetのプロジェクトを通じて、見えにくかったのが顧客に対する支援、いわゆるカスタマー・サポートの体制であった。もともと、航空機本体やエンジンなどのようにはっきりとした姿形のあるものではなく、また言葉での説明も難しい分野であるから致し方ない面はあるのだが、大企業のボーイングやエアバスはもちろん、地域ジェットのライバル企業であるボンバルディアやエンブラエルでも、ことあるごとに報道関係者などに説明や施設見学などの機会を設けているのだが、三菱航空機はそのような活動をあまり行ってこなかった。

　MRJの機体に関するカスタマー・サポートについては、2011年6月にはボーイング社との間にカスタマー・サポート支援に関する契約を締結したことが発表されて、ボーイング・コマーシャル・エビエーション・サービセズがMRJの部品調達・在庫計画の策定、現地サービスを含めた各種サービスの運営など、週7日／1日24時間体制でカスタマー・サポートサービスを提供することが決まった。ただこれがボーイングの施設・設備を活用する関係もあってか、MRJに関する具体的なものが見えてこなかった。

　ボーイング・コマーシャル・エビエーション・サービセズの拠点はワシントン州シアトルにあって、ボーイングの旅客機全機種をサポートできる施設になっている。

　航空機、特に旅客機では、実用就航が始まるのであれば、顧客支援や各種のサポートもそれまでに確立しておかなければならない。故障などは就航開始の直後から、あるいは翌日などに起きることは十分にありえるから、そのときに部品の供給など必要な支援が行えるよう、型式証明取得前に完全なサポート・システムを確立しておく必要がある。しかしボーイング・コマーシャル・エビエーション・サービセズにおけるMRJ用の体制がどのようになっていたのかなどの情報は、三菱航空機からはまったくといってよいほど発信されなかった。

　航空機のサポートについて少し記すと、この事業はその航空機が使われ続けている間は継続して行われ、またそれを途中で途切れさせたり終了したりしないことが航空機メー

航空自衛隊の電子情報収集機YS-11EA。エンジンとプロペラは変更されているが、基本機体フレームに関わるサポートは、機体が退役するまで続けられる（写真：石原肇）

カーの義務である。MRJ/SpaceJetも含めて、今日のジェット旅客機は20年程度が経済寿命の目安とされているので、大手の航空会社はそのころをめどに買い換えを行う。しかしそれでその機体が用途廃止にならないケースも多々あって、中古機としてほかの航空会社に売却されて、さらに使い続けられることは決してめずらしくない。

たとえばある航空会社が、ある旅客機が初飛行してから15年目に新規製造機として購入し20年後に次の航空会社に売却し、その航空会社がさらに15年使い続けたとしたら、メーカーは初飛行から50年を経過してもサポートを提供する義務がある。カスタマー・サポートはこのように長期にわたる事業で、期間が長くなれば手間暇もかかってくるが、きわめて重要な業務でもある。

もっとも親会社の三菱重工業は、日本航空機製造が解体されたあとにYS-11のカスタマー・サポートを受け継いでいるし、MU-2を世界的に販売しているので、そのことは十分に承知している。YS-11は、日本ではほぼ退役しているが、航空自衛隊にまだ2機が残っている。それらのエンジンとプロペラは変更されていてまた搭載している任務用機器には責任はないが、基本機体フレームは変更されていないので、その部分に対する支援は、求められれば三菱重工業が行うことになる。

AOG対応

航空機のカスタマー・サポートでもう1つ重要なのがAOG対応である。AOGとはAircraft On Groundの略号で、直訳すれば「地上の航空機」だが、航空機業界では「修理や整備のために飛行できない航空機」のことを指す。航空会社は、航空機を運航（飛行）させることによりビジネスを成り立たせているから、航空機が飛べない状態にあるというのは無用な長物を抱えていることになり、支出が増えて利益が減少する。このた

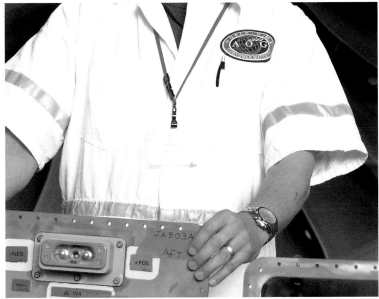

2013年に就航間もないボーイング787がリチウム・イオン・バッテリーに基因するトラブルを続けて起こしたため、ボーイングはバッテリーの収納ケースについて改善策を講じ、交換などの作業を行った。その作業のために航空会社にボーイングのAOGチームが派遣された。そのメンバーの作業費の胸には、「AOG」と書かれたワッペンがつけられていた（写真：青木謙知）

空港や航空会社の格納庫が使えない場合など、AOGチームはテント形式の簡易格納庫を用いることもある。写真はエアバスA320用のもので、エンジンよりも前の機体全体が収まっている（写真：アビアテマ）

め航空会社は、可能なかぎりAOGを避け、仮にAOGになってもその期間をできるだけ短縮しようとする。

AOGが発生する理由の1つは事故で、事故により修理が必要となれば修理が終わるまでその航空機はAOG状態に置かれる。その期間は修理の内容によってさまざまだが、たとえば着陸に失敗して降着装置の脚柱に大きな損傷を負えば、その降着装置全体を取り替えることになるので、場合によっては数カ月を要することになる。

また整備にしても、期間が定まっている定期整備であればあらかじめスケジュールを組んで作業を行えるが、突発的なものだと作業の場所や人員の確保などで、通常よりもAOGの期間が長くなることもあって、航空会社にとっては悩みの種となる。

こうしたAOGでの作業は、航空会社の整備部門の手に負えないものが多く、その場合はメーカーが対応して作業を実施することになる。そのために派遣されるのがAOGチームで、航空機メーカー各社に編成されているのだが、三菱航空機内にAOGチームが作られていたのかは情報がなく定かではない。

AOGチームが対応するような事案では、航空機を動かすことができな

いため、チームは現場に出張して作業を行う。その場所で、航空会社などの格納庫や施設を借りられれば問題はないが、そうでないケースも多々あって、それに対応するためにテント形式の簡易格納庫などを利用することもある。航空会社が旅客機を採用する際に、このAOG対応能力も重要な評価ポイントになっているといわれる。

地域ジェット旅客機特有の問題

地域ジェット旅客機のような小型の短距離機は、近年になって突如として現れたものではもちろんない。たとえば、大型化と近代化を続けてシリーズの頂点機種となった150席級のマクダネル・ダグラスMD-90（1993年2月22日初飛行）も、その源をたどれば1965年2月25日に初号機が初飛行したダグラスDC-9で、最初のタイプのDC-9-10は標準的な客席数が、3クラスならば72席、全エコノミーでも90席であった（高密度配置の最大では109席）。

ただ、プロペラ推進に比べてジェット推進は燃料消費が大きく経済性が悪いため、客席数が少ないと利益があがらないのも確かである。

このためジェット旅客機はこの型のものでも120～130席程度が主流となって、ボーイング737-200やDC-9-40/-50といった機種に人気が集中した。そうしたなかでユニークな機種を生みだしたのが旧ソ連で、1966年10月21日にヤコブレフがYak-40"コドリング"を初飛行させた。全長30.26mという、DC-9-10の31.82mよりも小型の機体に標準仕様で32席の客席を設けられるといった旅客機であり、エンジンには低推力の小型ターボファン3基を使用した。ソ連の、シベリアなどの遠隔地にある都市間の航空輸送を主用途にしたもので、西側には同様の機種は見当たらない。高速飛行能力よりも、凍結地などでの安全性につながる短距離離着陸能力を重視したため、ジェット旅客機ではめずらしい直線翼の主翼を用い、高揚力装置も強力なものになっていた。

Yak-40は経済性も比較的良好で、旧ソ連の衛星諸国を主体に多数が運航されて、民間向け旅客型を主体に1,011機（1,013機とする資料もある）という大量生産が行われた。特殊な機種で西側でも使い道はあったはずだが、当初は客室設計をはじめとして欧米の安全基準を満たしていなかったため、生産末期になるまでア

イギリスがBAeの設立記念事業として開発を行った4発の70席級ジェット旅客機BAe146-100。経済性やエンジン整備の手間などの問題はあったが、低騒音と短距離離着陸能力は高く評価された（写真：青木謙知）

旧ソ連独特の国内輸送の事情から開発された3発の小型ジェット旅客機Yak-40"コドリング"。西側には同種の旅客機はなかった（写真：Wikimedia Commons）

メリカなどの型式証明が取得できなかった。それでも少数が、西ドイツやイタリアに輸出された。

西側でも1970年代に入ってから、小型ジェットを開発する試みがいくつか行われている。その1つがイギリスのホーカー・シドレーによるHS.146で、新設計の70席級地域ジェット機として1973年に設計を開始したものである。軍用輸送機のような高翼配置の主翼とT字型尾翼の機体構成で、優れた短距離離着陸性能をもつことを主眼の1つとした。一方で当時、適した推力のターボファンが見当たらなかったことから、小型ターボファンの4発機になった。ただこの当時イギリスはひどい不況状態にあって新旅客機を開発できる余裕などはどこにもなく、機体案はホーカー・シドレー社で眠りにつくことになった。

それが掘り起こされたのは1977年になってのことで、イギリスで、当時

多数存在していた航空機の製造企業を統合化する「航空宇宙産業の国有化法」が成立し、主要企業のスコティッシュ・エビエーション、ホーカー・シドレー、ブリティッシュ・エアクラフト・コーポレーションなどを新設する国営企業のもとにひとまとめにすることとして、政府が主導してブリティッシュ・エアロスペース（BAe：British Aero space）社を設立した。この企業は、その後の組織改編などを経て今日では社名がBAEシステムズになっているが、そのBAeの設立記念事業としてある程度設計作業などが進んでいたHS.146をBAe146として復活させることにしたのである。

BAe146は、70〜82席のBAe146-100と、その胴体延長型で85〜100席のBAe146-200の2タイプが作られることとなって、1981年9月3日にBAe146-100の初号機が初飛行した。BAe146は、さらに胴体を延長して最

大客席数を122席にしたBAe146-300や、近代化・改良を加えたRJシリーズへと発展し、そのエンジンや電子機器を新世代のものに変更するRJXの開発も計画された。しかしRJXについてはBAEシステムズが、2001年9月11日にアメリカで発生した同時多発テロで旅客需要が大きく落ち込み、特にこのクラスの旅客機については新規需要の回復は見込みはないとして、開発の取りやめを決定した。ただこの時期は、MRJをはじめとして100席以下の新地域ジェット旅客機の開発計画がいくつもでてきたときであり、1960年代の機体設計と4発エンジンを受け継ぐRJXではそれらにはかなわないというのがBAEシステムズの本音であった。

こうしてBAe146/RJシリーズは2001年に生産を終了し、その総製造機数は394機であった。これは、ターボプロップ旅客機の傑作機であるビッカース・バイカウント（1948年7月16日初飛行）の445機に次ぐ、イギリス製旅客機で二番目に多い製造機数である。

近年の地域ジェット旅客機ブームの先駆けとなったのは、ブラジルのエンブラエルERJ-135/-140/-145（ERJファミリー）と、カナダのボン

地域航空の世界に本格的にファンジェットの時代をもたらした先駆者であるエンブラエルERJ-145（写真：Wikimedia Commons）

デルタ航空との接続便のデルタ・コネクション便に用いられていたアトランティック・コースト航空のCRJ-200（写真：Wikimedia Commons）

バルディアCRJ100/200であることに疑いの余地はない。

ERJファミリーはT字型尾翼とリアマウント・エンジンを特徴とするもので、胴体長の違う3タイプでファミリーを構成している。中心となるのが44席型のERJ140で、その胴体を短縮したのが37席のERJ135、逆に延長したのが50席機のERJ145である。最初に初飛行したのはERJ145で、1995年8月11日であった。コミューター機とも呼ばれた地域航空に使われる旅客機は、1980年代初めにコミューター航空の規制緩和が行われて30席を超えるターボプロップ機が多数登場したが、ERJファミリーは客席数の面からはその延長上にあるといえる。ただ、燃費率に優れるアリソン（現ロールスロイス）AE3007小型高バイパス比ターボファンが誕生したことで、地域航空用旅客機にファンジェットの時代をもたらすことに成功した。

もう1つのCRJ100/200はまったく違うアプローチから誕生したもので、カナデア（のちにボンバルディアに吸収）が開発したCL-600チャレンジャー大型ビジネスジェット機をベースにしている。1980年代末にビジネス機メーカーは新たに大型機の開発に入ったが、その際にカナデア

は胴体の延長ではなく胴体を太くする手法を採り、チャレンジャーをワイドボディ・ビジネスジェット機として完成させた。そしてその太い胴体を活かして内部を旅客機の客室仕様とし、さらに延長して50席機にしたのがCRJ100/200なのである。従って基本的な機体構成はチャレンジャーと同じで、リアマウント・エンジン機だ。胴体の延長により全長は20.85mから26.77mになり、また重量も増えたため主翼は完全に設計変更され、面積は45.5m²から48.35m²に増えた。エンジンは、バイパス比6.2のジェネラル・エレクトリックCF34である。

これら初期の地域ジェット旅客機は、ターボプロップ機よりもかなり燃料消費が増大することから、経済性で運航が成り立つかが心配された。しかし実用化されると、その快適性が多くの旅客の支持を得て、ターボプロップ機よりもジェット機

を選ぶ旅客が増え、航空会社も多くの旅客を得るために地域ジェット旅客機を導入するようになった。またそうした旅客機を運航する航空会社は、大手航空会社のフライトへの接続便を運航することで利便性もアピールして、さらに事業を拡張することができている。

この接続便は、○○コネクションとか××エクスプレス（○○や××には大手航空会社名が入る）などと呼ばれたりするが、たんなる提携だけで資本関係などのつながりがないケースもある。それでも全行程通して予約ができるなどの利便性があって、広がりを見せた。

ここに写真を掲載したCRJ-200を例にとると、この機体自体はアトランティック・コースト航空という、バージニア州の独立系航空会社が購入したものだ。そして1999年に機体を受領するとユナイテッド航空との提携により、ユナイテッド・エクス

より近年のデルタ・コネクションのフライトに用いられている、コンパス航空のERJ-175LR（写真：Wikimedia Commons）

プレスとしてユナイテッド航空の接続便を運航した。2004年には提携先をデルタ航空に変更し、デルタ・コネクションの名称でデルタ航空への接続便を運航しており、写真はその時点のものである。アトランティック・コースト航空は2004年に低運賃航空会社（LCC：Low-Cost Carrier）のインデペンデンス・エアの傘下に入ったが、インデペンデンス・エアは2006年にノースウエストに買収されたことで運航を停止した。一方でアメリカの大手航空会社に起きた一連の吸収・合併で、ノースウエストは2008年にデルタ航空と合併し、デルタ・コネクションの運航の一部は新たな子会社のコンパス航空に引き継がれている。

｜「スコープ・クローズ」の問題

少しややこしくなったが、地域ジェット旅客機とその専門航空会社の登場は、アメリカの航空会社業界にも影響をおよぼしている。そのなかで雇用に関連しているのが「スコープ・クローズ」と呼ばれる労使協定で、これが地域ジェット旅客機にとっての重大問題になった。

アメリカの労使関係は、労働者の組合は日本のような企業別組合の制度ではなく、職種により組織される職能別組合になっている。日本であれば、日本航空のパイロットは日本航空社内の、全日本空輸のパイロットは全日本空輸社内の組合に属し、各社の組合間には、連絡会議の組織はあるが、原則として横のつながりはなく、賃金や労働条件などの話し合いは各社個別に行われる。一方でアメリカは、航空会社のパイロットは全員が国際航空会社パイロット組合（ALPA：Air Line Pilots Association, International）に所属し、会社単位の組合はなく、交渉ごとなどはALPA対航空会社の代表といったかたちで行われる。ちなみに組織名の最後にInternational（国際）がついているのは、カナダの航空会社パイロットも含まれるためだ。

ただ地域ジェット旅客機に関する規定の策定については、航空会社各社によってかなり事情が異なることから、企業別に会社とパイロット間で協定が作られたのである。

その「スコープ・クローズ」が作られた目的は、大手航空会社パイロットの雇用の維持にある。前記の接続便などを専門に運航する航空会社は基本的に規模が小さくパイロットの賃金も大手よりは低い。ただ大手航空会社が同じ機種を保有しているとすれば、有している技能は同等である。大手の航空会社が中小のそうしたパイロットを引き抜けば、パイロットにとっては同じ仕事で賃金が上がり、大手航空会社にとっては人件費の節約になるから、「ウィン・ウィン」ではある。ただそれが進むと正常な雇用関係が崩れ、特に大手のパイロットにも状況下によっては解雇などに直面する可能性もでてくると考えられた。

そこで大手航空会社3社は、各社の事情にもとづいて地域ジェット旅客機の定義づけを行い、それらの導入を制限することで、地域ジェット旅客機の操縦資格しかないパイロットの採用を不可能にすることにした。

「スコープ・クローズ」の具体的な内容は表のとおりで、3社で共通している最大離陸重量の制限がすべての地域ジェット旅客機にとって厚い壁になっている。

「スコープ・クローズ」の規定が適用されるのはこの3社だけであり、また当然アメリカ以外の国にはまったく関係はない。ただ地域ジェット旅客機の世界市場のほぼ半数の需要が見込めるアメリカでの制約は、メーカーにとっては死活問題だ。2023年の時点ではこの規定がこの先どうなっていくかはわからないが、SpaceJetの開発中止の一要因になったことは確かで（SpaceJetM100はクリアできるとされていたが）、エンブラエルのE175-E2の開発が遅らされているのも、この「スコープ・クローズ」のせいである。

図　スコープ・クローズ

航空会社	アメリカン航空	デルタ航空	ユナイテッド航空
最大客席数	保有単通路機の65%	最大76席	保有単通路機の90%
最大離陸重量	86,000ポンド（39,001kg）	←	←

Column MRJの受注実績

(1) イースタン航空塗装のMRJ90の模型

(2) 日本航空本社に飾られていた日本航空塗装のMRJ90の模型

(3) リース会社のエアロリースのロゴを胴体と垂直尾翼に入れたMRJ90の模型

(4) リース会社のロックトンの文字と模様を入れたMRJ90の模型

MRJを発注した各社の模型（写真4点とも：青木謙知）

　三菱航空機は、2008年3月27日に全日本空輸からMRJ90について確定15機、オプション10機のローンチ・オーダーを獲得した。それ以外は表のとおりで、全日本空輸も含めて10社から発注を得ていた。

　このなかには航空会社ではなくリース会社からのものもあるが、リース会社からの受注は、1つのリース会社が複数の航空会社に貸し出しを行えば運航航空会社が増えることにつながり、その機種を広く知らせることができるという利点がある。またより多くの乗客に飛行の経験を提供できることにもなるので、以前はリース会社からの受注の評価を低く見る向きもあったが、今日ではリース会社からの受注も十分に価値あるものと認識されている。

　表は、受注の発表があったすべてのものを記載しているので、このなかにはMRJの中止決定前にキャンセルされたものも含めている。開発中止決定後のキャンセルは含んでいない。

顧客名	受注日	MRJ70	MRJ90	オプション	購入権	備考
全日本空輸	2008年3月27日	－	15機	10機		
トランス・ステイツ	2010年10月2日	－	50機	50機		
ANIホールディングス	2011年6月17日		5機			覚書のみで2013年5月9日に失効
スカイウエスト航空	2012年7月11日	－	100機	100機		
イースタン航空	2014年7月14日	－	20機		20機	
マンダレー航空	2014年7月14日	－	6機		4機	2018年9月4日に運航停止
日本航空	2014年8月28日		32機			MRJ70との合計機数
エアロリース	2016年2月16日	－	10機	10機		
ロックトン	2016年7月11日	－	10機	10機		
メサ航空	2019年9月5日					M100を50機＋オプション50機

MRJ/SpaceJetのライバル機種

Section Ⅵ
MRJ/SpaceJetの
ライバル機種

SpaceJetが実現していれば、世界規模での小型ジェット旅客機市場で鎬を削ることになったであろう好敵手を紹介する。なかにはすでに生産を終えたものもあるが、同級の機種ということで含めた。

Ⅵ-1　ライバルとは

MRJ/SpaceJetのライバル機種は、もちろん70〜90席級の短距離ターボファン旅客機である。三菱重工業がMRJの事業化（プログラム・ローンチではない）を決めた2007年10月19日の時点でそうした機種としてはすでに、ボンバルディアのCRJ-700/-900もエンブラエルのEジェット・ファミリー（E170/175/190/195）もすべて就航を開始していた。そして中国のCOMACが開発に着手していたCOMAC ARJ21とロシアが開発を明らかにしていたスホーイ・スーパージェットはともに、その翌年に初飛行を控える開発段階にあった。

100席以下のジェット旅客機についてボーイングとエアバスは、それよりも前の時点から、開発を行うのなら完全な新設計機になり、それに見合うだけの市場規模は見込めないとして、このカテゴリーの旅客機の開発には乗りださないことを明言していた。従って計画の早い段階から、MRJのライバルは前記の4機種に絞られていた。

また三菱航空機は、ジェット旅客機の開発・製造・販売についてはなんの実績もなかったのは事実であったが、西側の安全基準などを満たすよう開発を行うことにしていたから、やはり旅客機の開発経験はなく国内の基準に引きずられそうなスホーイや、2000年6月に中国の型式証明を取得したもののアメリカなどの証明を得ていない西安MA60のような、旅客機の基準で国際的な規則を満たせない中国のARJ21は、国際市場での競争相手にはならないと考えられていたのは事実だ。

またMRJはエンジンに、プラット＆ホイットニーの新開発エンジンであるギアード・ターボファン（のちにピュアパワーPW1000Gシリーズ）を使用することを決めたことで、低燃費による経済性などでライバルとされる機種のいくつかに対して、水を空けられるともされた。ちなみにボンバルディアCRJシリーズのエンジンはジェネラル・エレクトリックCF34シリーズで、エンブラエルEジェット・ファミリー、COMAC ARJ21も同じエンジンである。CF34は、アメリカ空軍の攻撃機であるフェアチャイルドA-10サンダーボルⅡ用に開発されたTF34をベースにした民間型で、バイパス比は特に民間型はタイプによって異なるが、4.9〜6.2の高バイパス比エンジンである。ただ開発開始は1960年代で、1982年に初運転したCF34にはより新しい技術が盛り込まれてはいるが、一世代前のエンジンではある。

スホーイ・スーパージェットが装備するパワージェットSaM146は、フランスのSNECMA（現サフラン）とロシアのNPOサチュルンが共同でスホーイ・スーパージェット専用に開発した、バイパス比4.4のターボファンで、2008年に初運転した新世代エンジンである。ただまだ運航実績が乏しく、評価は定まっていないし、欧米のものに比べてバイパス比が低めなので、そのぶん燃費率は悪いかもしれない。ただ各種の基準は西側のものを満たしており、欧州航空安全機関とアメリカ連邦航空局の型式証明を取得している。

エンブラエルは2011年にEジェット・ファミリーの新世代化を決めて、E2ジェットを開発することにした。そのエンジンに選ばれたのはMRJと

E2ジェットで最小型のE175-E2。スコープ・クローズの影響からエンブラエルは、このタイプの開発作業を一時中断している（写真：エンブラエル）

ボンバルディアのCRJシリーズではもっとも胴体が長くなったCRJ-1000。アイルランドのリース・オペレーターであるハイバーニアン航空の保有機だ（写真：Wikimedia Commons）

県営名古屋空港をタキシングするフジドリームエアラインズのエンブラエル170。Eジェット・ファミリーの最小型機でE2ジェット化は行われていない（写真：青木謙知）

同じプラット＆ホイットニーのピュアパワーPW1000Gシリーズで、これによりE2ジェットは、エンジンについてはMRJ/SpaceJetと同世代のものになった。実際に三菱航空機もE2ジェットがスタートすると、この機種のみを真のライバル扱いとするようになった。

MRJの商業化とプログラム・ローンチに代表されるように、2000年代に入ると地域ジェット旅客機が大きく注目されることとなり、また実際に受注・引き渡し機数も増加していった。ただその一方で、機体をどこまで小型化あるいは大型化すべきかや、前Sectionで記したスコープ・クローズをはじめとするいくつかの問題が起きてきた。大型化では、客室乗務員数は乗客50人あたり最低1人とされているので乗客100人までは2人ですむが、101人以上ならば3人の乗務が必要となって人件費がかさんでくる。また、ボーイングやエアバスの市場を侵食することでいらぬ軋轢を生むことになるし、重量・乗客数ともにスコープ・クローズに抵触することになる。

逆の小型化については、航空会社にとっては収益性が大きな問題となるのでどうしても関心はもたれない。エンブラエルもE2ジェットの開発にあたって、Eジェット・ファミリーでもっとも小型のE170はE2化しないこととした。また40〜50席級のERJ-130/-140/-145シリーズは2020年に生産を終了し、1,231機という比較的多数を製造したものの、これに続く新型機を開発しようというメーカーはでてきていないのも、航空会社が少なくとも70席以上という収容力を求めているからだ。

SpaceJetの事業が取りやめとなったことで、日本では地域ジェット旅客機に対する関心が急速に失われた感がある。しかし日本でも100席以上のジェット旅客機を必要としている航空会社はあるし、アメリカやヨーロッパではまだまだ需要が見込まれている。MRJ/SpaceJetのライバルたちは、これからも鎬を削り合っていく。

アメリカのスカイウエスト航空のCRJ-200。この機体規模だと、胴体がかなり太く感じられる（写真：Wikimedia Commons）

VI-2　ボンバルディアCRJ-700/-900/-1000

　ワイドボディ設計のビジネスジェット機であるカナダのカナデア（のちにボンバルディア）CL-600チャレンジャーの胴体設計を活用して50席級の地域ジェット旅客機として開発されたのがCRJ-100/-200で、1991年5月10日に初号機が初飛行した。地域ジェット旅客機の需要が増え、また利用客の増加から大型化が望まれると考えたボンバルディアは、胴体延長型の開発を計画して、まず1997年1月21日に70席級にしたCRJ-700を初飛行させた。続いて2001年2月21日には、さらに胴体を延長して90席級機としたCRJ-900も初飛行させている。

　CRJ-700/-900は、基本設計はCRJ-100/-200を踏襲しているが、大型化と重量の増加に対応して主翼は設計を変更して面積を48.4m²からCRJ-700で70.6m²に、CRJ-900で71.1m²に増加している。また客室の設計が旧式化したことから2007年5月にはCRJ-700/-900の新世代化を発表し

て、NextGen（Next Generationの略）と名づけ、あわせてさらに胴体を延長して100席とするCRJ-100 NextGenをファミリーに加えた。CRJ-1000 NextGenは、胴体の延長にあわせて主翼がさらに大型化されて77.4m²になり、2008年9月30日に初飛行した。これによりCRJも、新たなステップに進むことにはなった。

　ただ、CRJのような後部胴体にエンジンを取りつける設計の機体は、エンジンを変更するにあたっては主翼装備型の機種に比べてかなり多くの設計変更が必要となり、発展性に乏しいという問題がある。このためエンブラエルが行ったEジェットからE2ジェットへの新世代化のようなアップグレードは難しく、この点でMRJやE2ジェットよりも旧世代機と感じさせることになった。NextGenにより客室の設計は新しいものにはなったが、もとはビジネスジェット機などでEジェットやMRJよりも狭く、特に置き場所の関係か

ら、ローラーバッグの機内持ち込みがほとんどできないというのは、大きなマイナス・ポイントであった。

　またボンバルディアは、110〜130席の新旅客機としてCシリーズ（CS：C Series）と名づけた新設計機の開発に入ったのだが、それにともなって発生したさまざまな理由から民間旅客機ビジネスに失望するとともに完全に興味を失って、同社は2008年にこのビジネスから撤退することを決めた。Cシリーズについてはすべての権利をエアバスに譲渡し、110席級のCS100はA220-100に、130席級のCS300はA220-300に名称を変えて、エアバスの製品群に加わっている。こうして製造・販売を続ける航空機はビジネスジェット機だけとし、ターボプロップ機のQシリーズも同時期に生産を終了した。ただその後も受注が見込めたもっとも大型のQ400については、これも製造・販売などすべての権利をカナダのバイキング・エアに売り渡し、バ

エアカナダの主要路線への接続便であるエアカナダ・エクスプレスを運航する、エアカナダ・ジャズのCRJ-700
（写真：Wikimedia Commons）

スカンジナビア航空がヨーロッパ域内の短距離ネットワーク運航に使用しているCRJ-900ER
（写真：青木謙知）

イキング・エアによる製造・販売が続いている。

またCRJでは、スコープ・クローズに対応するタイプも開発された。1つはCRJ-705で、CRJ-900の機体フレームを活用して客室配置に余裕をもたせた仕様にするというもので、あわせて機内持ち込み手荷物の収納場所を確保するようにした。もう1つはCRJ-550で、CRJ-700をベースに客席数をファースト10席、エコノミーとプレミアムエコノミーの各20席で計50席として、やはり客室スペースに余裕をもたせている。CRJ-550の最大離陸重量は、スコープ・クローズの86,000ポンド（39,001kg）をクリアできている。

CRJは、2021年2月28日に最後の機体（CRJ-900 Next Gen）をアメリカのスカイウエスト航空に引き渡して生産を完了した。

なお、機体の生産は終了しても、使用者に対するカスタマー・サポートは当然継続しなければならないが、三菱重工業は2020年6月にボンバルディアからCRJ事業部門の買収を終えて子会社としてMHI RJアビエーショングループを発足させていて、この新子会社がCRJのカスタマー・サポート業務を受け継いで三菱重工業の別ビジネスにしている。

CRJ-700

全幅　23.24m
全長　32.33m
全高　7.57m
主翼面積　70.6m²
運航自重　20,069kg
最大離陸重量　34,019kg（ER型）
エンジン　ジェネラル・エレクトリック CF34-8C5B1（61.3kN）×2
最大速度　M=0.825

上昇限度　12,479m
航続距離（ER型）　1,400海里
　（2,593km）

CRJ-900

全幅　24.87m
全長　36.25m
全高　7.49m
主翼面積　71.1m²
運航自重　21,845kg
最大離陸重量　38,330kg
エンジン　ジェネラル・エレクトリック CF34-8C5（64.5kN）×2
巡航速度　M=0.78〜0.825
上昇限度　12,479m
航続距離（標準型）　1,550海里
　（2,871km）

日本で最初にジェット・ファミリーの導入を行い、2タイプを運航しているフジドリームエアラインズのE175。同社は保有する16機全機の塗装色を変えており、写真は9機目でゴールド塗装である（写真：青木謙知）

VI-3　エンブラエルEジェット

20席弱級のターボプロップのEMB-110バンデイランテ（1968年10月26日初飛行）と30席級のEMB-120ブラジリア（1983年7月27日初飛行）で地域旅客機メーカーとして確固たる地位を築き上げ、30～50席級のERJシリーズ（1995年8月11日初飛行）で地域ジェット旅客機の先駆けとなったブラジルのエンブラエルは、地域旅客機のトップメーカーとなることを目指して、より大型で70～90席強をカバーする新設計の地域旅客機計画を、1997年3月に明らかにした。以前はコミューター機とも呼ばれた地域旅客機は、20席以下クラスの機種でスタートし、1970年代末からの規制緩和で大型化が進んだ。これらをリードしてきたエンブラエルは、地域ジェット旅客機の時代に入ってもその地位を堅持しようと考えたのであった。

この新型旅客機は、エンブラエル地域ジェット機（ERJ：Embraer Regional Jet）の機種記号を受け継ぎ、標準客席数に応じてERJ-170、ERJ-175、ERJ-190、ERJ-195と名づけられた。しかしのちにエンブラエルは、その前のERJシリーズとは完全に違う新カテゴリーの旅客機であることをはっきりさせることが肝要と考えて、初号機のロールアウト（2001年10月29日）時に機種のファミリー名をEジェット、各機種の名称をE170/E175/E190/E195にあらためることにしたのである。またそれよりも前の199年5月には、エンジンをジェネラル・エレクトリックCF34とすることも発表された。

Eジェットファミリーは機体の基本構成はすべて同一で、胴体は2つ円を組み合わせた断面をしていて、標準客席数に応じて長さが異なるだけとなっている。一方で単一クラスの標準客席数は、もっとも小型の

E170が72～78席、もっとも大型のE195が116～124席と40席以上の差があり、最大離陸重量もE195のほうが13,000kg以上重い。これだけの差があっても離着陸性能を大きく低下させないためには、翼面荷重を小さくする必要があり、このためエンブラエルはE170/175とE190/195では異なる設計の主翼を用いることにして、E170/175用の面積は72.7m²、E190/195用は92.5m²となっている。エンジンの定格最大推力も異なり、E170/175では63.2kN、E190/195では89.0kNが用いられている。

Eジェットは小さい順に開発が行われ、初飛行はE170が1999年6月14日、E175が2003年6月14日、E190が2004年3月12日、E195が2004年12月7日であった。

Eジェットは2004年3月にLOTポーランド航空で就役を開始すると、客室の快適さや地上での取り扱

フィンランドのフィンらが北欧域内の路線に使用しているE190LR（写真：青木謙知）

スペインのエア・ヨーロッパのE195。マヨルカ島を拠点に、カナリア諸島やアゾレス諸島に路線網をもつ航空会社だ（写真：Wikimedia Commons）

い性のよさなどが好評を博して、すぐに多くの受注を集めるようになった。一方でプラット＆ホイットニーがギアード・ターボファンを発表すると、この新世代エンジンの搭載がさらに販売の拡大につながると考えたエンブラエルは、エンジンをピュアパワーPW1700G/1900Gに変更するなどの新世代化を行うE2ジェットの開発へと進んでいる。

　Eジェットは、E2ジェットの実用化が始まっている2023年に入ってもまだ製造が続けられているが、これはまだ90機を超す受注残があるためで、今後の生産は次第にE2ジェットへと移っていく。2022年末時点でのビジネスジェット型も含めた受注総数は1,749機で、もっとも受注を集めているのはE190の568機となっている。一方でもっとも人気のないのは最小型のE170で、191機である。

E170

全幅　26.01m

全長　29.90m

全高　9.83m

主翼面積　72.7m²

基本運航自重　21,141kg

最大離陸重量　38,600kg

エンジン　ジェネラル・エレクトリック CF34-8E（63.2kN）×2

巡航速度　M=0.75

航続距離　2,150海里（3,982km）

E175

全幅　26.01m

全長　31.67m

全高　9.86m

主翼面積　72.7m²

基本運航自重　21,890kg

最大離陸重量　19,370kg

エンジン　ジェネラル・エレクトリック CF34-8E（63.2kN）×2

巡航速度　M=0.75

航続距離　2,200海里（4,074km）

E190

全幅　28.73m

全長　36.25m

全高　10.57m

基本運航自重　27,837kg

最大離陸重量　51,800kg

エンジン　ジェネラル・エレクトリック CF34-10E（89.0kN）

巡航速度　M=0.78

上昇限度　12,497m

航続距離　2,450海里（4,537km）

E195

全幅　28.73m

全長　38.66m

全高　10.54m

基本運航自重　28,667kg

最大離陸重量　52,290kg

エンジン　ジェネラル・エレクトリック CF34-10E（89.0kN）

巡航速度　M=0.78

上昇限度　12,497m

航続距離　2,300海里（4,260km）

プロフィット・ハンター（利益追求社）のキャッチコピーとともに機首に鮫の顔を描いたE190-E2（写真：Wikimedia Commons）

VI-4　エンブラエルE2ジェット

完全な新設計の地域ジェット旅客機のEジェット・ファミリーで引き続き成功を収めたエンブラエルは、2000年代末にはその新世代化の検討に着手した。背景には、このクラス向けのジェットエンジン技術の進歩があり、ロシアのスホーイ・スーパージェット100や日本の三菱MRJが新世代エンジンを装備すれば、燃費による経済性や低騒音化などの環境対応面で遅れをとることになりかねないという危機感が、Eジェットの新世代化に向かわせたのである。鍵となるのは当然エンジンで、エンブラエルはまずジェネラル・エレクトリック、プラット＆ホイットニー、ロールスロイスの各社にそれに見合うエンジンの開発と供給について質問を行った。そのなかでもっとも魅力的な案を示したのがプラット＆ホイットニーであった。

プラット＆ホイットニーは新世代のギアード・ターボファン・エンジンの研究を進めていて、2008年10月には三菱重工業がMJ（のちにMRJ）用のエンジンとしてそれを選定し、開発が正式にスタートしていた。

MRJ用ではE2ジェットには推力不足ではあったが、推力増加ができればもっとも望ましいエンジンであるとしてエンブラエルは、2013年にプラット＆ホイットニーをエンジンの供給企業に選んだ。こうしてMRJとE2ジェットは、同じ系列のエンジンを使用するライバル機種となった。

E2ジェットもEジェットと同様に客席数の違うタイプでファミリー化を図ることとなったが、エンブラエルはEジェットのうちE170だけはE2化を行わないことにした。これは70席級機に航空会社の関心が集まらなかったためで、実際にE170の受注機数はEジェットの受注総数の約10％にすぎず、E2でも同じことが生じるのであればE170をE2化する意義はないと考えたのである。E190とE195は、ともにE2仕様機が作られている。

E2ジェットの基本設計は多くの部分でEジェットを踏襲しているが、大きく変わったのが主翼設計である。EジェットもE2ジェットもパイロンを介して主翼にエンジンを装着する点に変わりはないが、エンジンのファン直径がEジェットのCF34の1.12mに対してE190/195-2が装備するピュアパワーPW1900Gは1.85mと73cm大きくなっている（E175-E2のピュアパワーPW1715Gは1.42mで差は43cm）。エンジンにとって異物吸入による損傷（FOD：Foreign Object Damage）は重大な問題で、特に地上でそれを回避するために、エンジンと地面（滑走路など）との間に十分な間隔をとる必要がある。このためE2ジェットの主翼はEジェットのものに比べて取りつけ部から徐々に上方に向ける曲がりの度合いを大きくする必要があった。このため主翼の特性に変化が生じ、その部分に関する飛行試験はやり直す必要が生じている。

一方でEジェットでは、E170/175用とE190/195用の2種類の主翼を製造したが、E12ジェットでは3タイプの主翼を同じものにしている。E190/E195-E2用の主翼は、E175-E2には少し大きすぎて抵抗の増加などの問題がありそうだが、統一することで製造の手間やコストを大幅に減らすことが可能になっている。

E190-E2の操縦室。大画面表示装置によるグラス・コクピットとエンブラエル伝統のM字型操縦輪の組み合わせである
（写真：青木謙知）

スペインのカナリア島を本拠地とする、ビンター・カナリア航空のE195-E2。エンブラエルの旅客機では最大の機種である（写真：Wikimedia Commons）

　E2ジェットは、まずE190-E2が2016年5月23日に初飛行して、次いでE190-E2も2017年3月29日に初飛行し、2018年4月28日にノルウェーのワイドローによりE190-E2が実用就航を始めた。そしてE175-E2も2021年の初引き渡しを目指して2019年12月12日に初飛行したのだが、最大離陸重量がスコープ・クローズの86,000ポンド（39,001kg）を超えることからエンブラエルは開発作業の中断を決めて、作業は進んでいない。ただ試験作業はいつでも再開できるとしていて、2027～28年の引き渡し開始も可能だとはしている。

　E2ジェットの受注の出足はEジェットほどは順調でなく、2023年1月の時点でE190-E2は25機、E195-E2は245機の計270機で、試験作業を中断しているE175-E2にはまだ発注がない。

E175-E2

全幅　31.00m
全長　32.40m
全高　10.98m
主翼面積　103.1m²
運航自重　未公表
最大離陸重量　44,800kg
エンジン　プラット＆ホイットニー
　ピュアパワーPW1715G（66.7kN）
　×2
標準巡航速度　M=0.78
上昇限度　12,497m
航続距離　2,017海里（3,735km）

E190-E2

全幅　31.00m
全長　36.25m
全高　10.96m
主翼面積　103.1m²
運航自重　33,000kg
最大離陸重量　56,400kg

エンジン　プラット＆ホイットニー
　ピュアパワーPW1919G/1921/22/
　23G（84.5kN）×2
標準巡航速度　M=0.78
上昇限度　12,497m
航続距離　2,850海里（5,278km）

E195-E2

全幅　31.00m
全長　41.51m
全高　10.91m
主翼面積　103.1m²
運航自重　35,700kg
最大離陸重量　61,500kg
エンジン　プラット＆ホイットニー
　ピュアパワーPW1919G/1921/22/
　23G（84.5～102.3kN）×2
標準巡航速度　M=0.78
上昇限度　12,497m
航続距離　2,655海里（4,917km）

イギリスのファーンボロー飛行場でトーイングされるSSJ100。エンジンはロシアとフランスの国際共同開発品である（写真：青木謙知）

VI-5　スホーイ・スーパージェット100

ロシアによるロシアン地域ジェット（RRJ：Russian Regional Jet）に対してスホーイが2000年5月に開発計画をスタートさせたもので、第二次世界大戦以降冷戦時代を通じて一貫してジェット戦闘機の開発に携わってきたスホーイにとって、初めての民間機プロジェクトとなるものであった。当初はRRJ60（60席機）、RRJ75（78席機）、RRJ95（98席機）の3タイプの開発が考えられていたが、2011年10月15日にロシア政府は、2006年に初飛行して2007年に就航を開始する70〜80席の地域ジェット旅客機とするように指示をだした。スホーイの機体案は、真円断面で直径3.46mという太めの胴体を用いて、標準客室配置を通路を挟んで2+3席の横5席にするというもので、その結果全長と全幅を縮めたコンパクトな機体にできるというものだった。そして2003年3月に、RRJの開発担当にスホーイが選定されて、スホーイ・スーパージェット（SSJ：Sukhoi Superjet）の名称がつけられた。

エンジンについては、国際的な販売競争力も見込んで、アメリカから

プラット＆ホイットニーPW800またはジェネラル・エレクトリックCF34、イギリスからロールスロイスBR710を輸入することも検討されたが、NPOサチュルンがフランスのSNECMA（現サフラン）SPW14ターボファンをベースに、高バイパス比の新エンジンSaM146を開発し、それを搭載することとなった。ただロシアは高バイパス比ターボファンの開発経験に乏しかったことからSNECMAが全面的にバックアップし、また事業主体として国際合弁企業のパワージェット・インターナショナルが設立されている。SaM146は、ファン直径が1.22m、バイパス比が4.4と、今日の基準に照らしあわせるとバイパス比はやや低めである。このエンジンの初運転試験は、2008年2月21日に実施されている。

SSJは最終的に、RRJ95をベースにしたタイプで開発されることとなって2005年7月のファーンボロー航空ショーで機体名称がスホーイ・スーパージェット100（SSJ100）にあらためられたことが発表された（RRJ95がベースなのでSSJ100-95とされる

こともある）。そしてSSJ100の初号機は、2008年5月19日にコムソモルスク・ナムールのスホーイ施設で初飛行した。標準客席数は、2クラス編成で87席、単一クラスで108席。

SSJ100に使われている新技術などは、同時期のほかの地域ジェット旅客機と大きな違いはない。操縦室も、カラー液晶表示装置6枚を主体にしたグラスコクピットである。ただほかの地域ジェット旅客機には見られない唯一の特徴が、操縦輪ではなくパイロットの側方配置のサイドスティック操縦桿を使っている点だ。おそらくは、旅客機を製造していなかったゆえにしがらみもなく、このスタイルを実現できたのであろう。

SSJ100は、2011年2月3日にロシアの型式証明を取得し、1年後の2012年2月3日には欧州航空安全機構の型式証明も取得した。これでアメリカ連邦航空局やほかの西側諸国の証明取得の道が開け、世界のほとんどの国での旅客輸送飛行が可能になっている。しかしその一方で、SSJ100の発注主は圧倒的にロシアあるいはその友好国が主体で、アメリ

フラップを大きく下げて離陸するSSJ-100。主翼前縁にはフラップと
連動するスラットがついている（写真：青木謙知）

SSJ100の操縦室。縦長の表示画面、サイド
スティック式操縦桿など、ほかの同世代地域
ジェット旅客機とは異なる特徴を有している
（写真：Wikimedia Commons）

カ企業はリース会社3社からの40機程度にとどまっている。もっとも注目されたのはメキシコのインタージェットによる運航で、30機を発注して22機を受領し、2013年からメキシコシティとアメリカ各地を結ぶSSJ100による定期便の運航を開始した。しかしCOVID-19のパンデミックの影響で2020年3月24日に国際線の運航を停止し、この年の12月に航空旅客輸送事業を終了している。

SSJ-100はもちろん今も製造が続けられていて、385機の受注機数のうち2022年11月までに229機が完成ず

みになっているとされる。どのメーカーのジェット旅客機も、COVID-19により製造計画などが大きく狂ってしまっている。SSJ-100についてはどうしても情報が少なく現状の把握が難しいが、製造を取りやめるなどの情報はない。ただ、胴体を延長して130〜240席機あるいは115〜120席機にする案や、逆に短縮して75席機にする案などが研究されていたが、これら派生・発展型の開発が進むことは、とりあえずはなさそうである。

SSJ100-95 長距離型

全幅　27.80m

全長　29.94m

全高　10.28m

主翼面積　83.8m²

運航自重　25,100kg

最大離陸重量　49,450kg

エンジン　パワージェットSaM146-S18（71.6kN）× 2

巡航速度　M=78〜0.81

上昇限度13,497m

航続距離（乗客98人時）　2,472海里（4,578km）

成都航空のARJ21。成都航空は、ARJ21を最初に受領し、路線運航を開始した航空会社である(写真：Wikimedia Commons)

VI-6　COMAC ARJ21 翔風

中国の第10次5カ年計画(2001年から2005年まで)に盛り込まれた1つのプロジェクトが、70〜90席級の小型の国産ジェット旅客機の開発で、2002年3月に作業がスタートした。事業のとりまとめには中国航空工業集団(AVIC：Aviation Industry Corporation of China)の第I集団(AVIC I)傘下に組織された中国商用飛機有限公司(ACAC：AVIC I Commercial Aircraft Company)が指定され、2008年5月には中国の民間航空機製造部門の再編成により、中国商用飛機有限責任公司(COMAC：Commercial Aircraft Corporation of China)となった。なお「飛機」とは、中国語で「飛行機」の意味である。

中国の航空機開発は圧倒的に軍用機が優先されていて、ジェット旅客機については1980年にボーイング707-320Bをコピーした運輸10(Y-10)を、上海飛機製造有限公司が完成させた程度であった。このY-10は1980年9月26日に初飛行したが、型式証明は取得しておらず、実用就航はしていない。

ただ中国が1985年12月にマクダネル・ダグラス(現ボーイング)MD-82をトランクライナー(主要旅客機)として採用を決めるとアメリカは26機の販売を承認して、うち25機についてはコンポーネント類を引き渡し、上海飛機製造有限公司で組み立てを行うことで合意した(のちに中国組み立ては30機に増加)。こうして作られたのがMD-82Tで、1997年7月2日に中国組み立ての初号機が初飛行した。

国内開発の小型ジェット旅客機は、ARJ21と名づけられた。ARJは先進地域ジェット(Advanced Regional Jet)の略号で、「21」は21世紀向けを指している。エンジンは国内で開発が行えないため、アメリカからジェネラル・エレクトリックCF34を購入することとなった。

機体の設計は、国内組み立てを行ったMD-82に範をとっていて、同じ断面の胴体を用いて、リアマウント・エンジンにT字型尾翼の組み合わせになっている。胴体の断面はダグラスDC-9当時のものそのままで、客室の標準仕様は通路を挟んで2席+3席の横5席配置になる。客席数はMD-82よりも少ないため、胴体はかなり短縮されて、2クラス編成で78席、単一クラスで90席が標準客席数となっているが、各所にMD-80との類似点も見てとれる。これがARJ-21-700と呼ばれるタイプで、2008年11月28日に上海の大場空港で初飛行した。2014年6月18日には量産初号機(通算5号機)も初飛行して飛行試験作業が加速され、2014年11月には製造4号機だけで飛行回数711回、飛行時間1,422時間23分に到達した。そしてすべての試験作業を終えて2014年12月30日に中国民用航空総局(CAAC：Civil Aviation Administration of China)の型式証明を取得している。

中国南方航空のARJ21。2023年春現在で、7機を運航している
（写真：Wikimedia Commons）

縦長のカラー表示装置を使用しているARJ21の操縦室。かなり独自性のある設計になっている（写真：中国商用飛機有限公司）

　ARJ21を最初に受領したのは中国の成都航空で、2015年11月29日であった。そして2016年11月28日に成都～上海間で初の商用飛行を実施している。

　CAACの型式証明は、承認基準や手続きなどが欧米のものとは異なっているため、アメリカ連邦航空局や欧州航空安全機関はARJ21に証明をだしておらず、ARJ21の飛行が認められているのは中国国内と、ミャンマー、インドネシア、カンボジア、スリランカ、ネパール、コンゴ民主共和国、コンゴ共和国、ジンバブエ、イエメンなど中国の証明を認めている国にかぎられる。それでも2022年末時点での受注総数は330機に達していて、ほかに20機のオプション契約もある。その大半はもちろん中国の顧客だが、アメリカからも1社、GECASが確定5機とオプション20機を発注している。このGECASは、エンジンを供給しているジェネラル・エレクトリックの航空機リース事業部門で、前記の理由から貸出先は見つかっていない。

　ARJ21では、胴体を延長して95～105席級機とするARJ21-900や、ARJ21-700の純貨物型ARJ21Fの開発も計画されているが、どちらにもまだ発注はなく、作業は始められていない。

ARJ21-700

全幅　27.28m

全長　33.46m

全高　8.44m

主翼面積　79.9m²

運航自重　24,955kg

最大離陸重量　43,500kg（航続距離延伸型）

エンジン　ジェネラル・エレクトリック CF34-10A（75.9kN）×2

通常巡航速度　M=0.78

上昇限度　11,889m

航続距離（航続距離延伸型、満載時）2,000海里（3,704km）

参考文献

『日本の航空宇宙工業 50年の歩み』　日本航空宇宙工業会　2003年

『形とスピードで見る旅客機の開発史』　久世伸二　日本航空技術 協会　2008年

『世界の翼シリーズ 写真集 日本の航空史 (上) 1877〜1940年』　朝日新聞社　1983年

『世界の翼シリーズ 写真集 日本の航空史 (下) 1941〜1983年』　朝日新聞社　1983年

『YS-11 プロジェクトの断面ー日本航空機製造 (株) 活動の記録』　日本航空宇宙工業会　2003年

『エアワールド 97年5月号別冊 戦後国産機総覧 NAMC YS-11 編』　下郷松郎編　エアワールド社　1997年

『航空ジャーナル別冊 YS-11物語』　栗谷亭古風　航空ジャーナル社　1988年

『YS-11—国産旅客機を創った男たち』　前間孝則　講談社　1994年

『航空情報 7月号臨時増刊 現用日本の航空機』　酣燈社　1967年

『航空情報 臨時増刊 写真集自衛隊の航空機』　酣燈社　1969年

『ボーイング787はいかにつくられたか』　青木謙知　SBクリエイティブ　2009年

『BOEING JET STORY』　青木謙知　イカロス出版　2009年

『航空用語厳選1000』　青木謙知 総監修　イカロス出版　2014年

『図解入門 よくわかる 最新 ジェットエンジンの基本と仕組み』青木謙知　秀和システム　2022年

『旅客機年鑑 (各年版)』　イカロス出版

『月刊 航空情報』各号　(酣燈社)

『月刊 航空ジャーナル』各号　(航空ジャーナル社)

『月刊 航空ファン』各号　(文林堂)

『月刊 航空情報』各号　(せきれい社)

※そのほか三菱重工業、三菱航空機、国土交通省、アメリカ連邦航空局をはじめとする各機関・各社の資料・ホームページを参考にさせていただきました

Index

【著者紹介】

青木 謙知（あおき よしとも）

1954年12月、北海道札幌市生まれ。1977年3月、立教大学社
会学部卒業。同年4月、航空雑誌出版社「航空ジャーナル社」に編
集者／記者として入社。1984年1月、月刊『航空ジャーナル』の
編集長に就任。1988年6月、月刊『航空ジャーナル』廃刊にとも
ない、フリーの航空・軍事ジャーナリストとなる。著書は、『航空
自衛隊F-4マニアックス』『幻の第5世代戦闘機 YF-23マニアック
ス』（秀和システム）をはじめ、『旅客機年鑑2022-2023』（イカロ
ス出版）など多数。

【イラスト】箭内 祐士

幻の国産旅客機
SpaceJetマニアックス

発行日	2023年 6月10日	第1版第1刷

著　者　青木　謙知

発行者　斉藤　和邦
発行所　株式会社　秀和システム
　　　　〒135-0016
　　　　東京都江東区東陽2-4-2　新宮ビル2F
　　　　Tel 03-6264-3105（販売）Fax 03-6264-3094
印刷所　三松堂印刷株式会社　　　　Printed in Japan

ISBN978-4-7980-6970-8 C0050